창의 · 융합인재 교육 시리즈 ❶

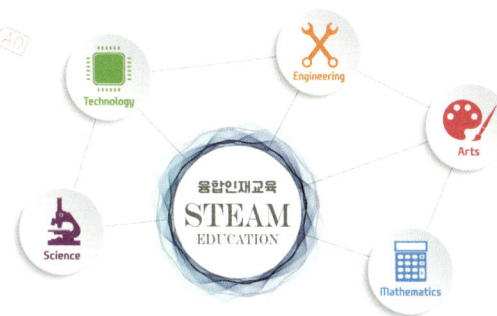

솔리드웍스
SOLIDWORKS

융합기술 프로젝트

3D모델링 + 3D프린팅 + IoT제어

송원석 · 김랑기 공저 | (주)큐빅시스템즈 감수

미니 선풍기 만들기

· 각도 조절 스탠드 선풍기
· USB 충전 핸드 선풍기(A, B-Type)
· 앱 제어 핸드 선풍기

메카피아

머 리 말

　본 교재는 2D설계, 3D모델링, 3D프린팅, IoT제어와 코딩, 제어원리 이해와 조립기술 등 기술적 융합교육에 활용 가능한 창의·융합인재교육 프로젝트 시리즈입니다.

　메이커를 꿈꾸는 모든 학습자들을 대상으로 3D모델링을 통해 기구설계를 학습하고, 3D프린터로 출력하여 형상을 제작하며, 전자 부품을 조립하고 코딩하여 제어과정을 통해 상상하는 것들을 현실화시키도록 프로젝트 중심으로 구성하였습니다.

　최근 3D프린팅은 시제품 제작 도구를 넘어 차세대 생산기술로 주목받고 있습니다. 제작 속도가 빨라지고, 출력물 완성도가 높아졌으며, 사용할 수 있는 소재가 다양해지는 등 기술 자체가 고도화되고 있습니다.
　또한 각종 사물에 센서와 통신기능을 내장하여 무선 통신을 통해 각종 사물을 연결하는 사물인터넷(IoT)은 4차 산업혁명의 기술적 토대가 되고 있습니다.

　3D기구설계, 아두이노 코딩, 앱 제작 등의 기계와 전자 통신기술을 융합한 본 교재가 메이커 교육을 준비하는 모든 분께 도움이 되기를 바랍니다.

　출간되기까지 도와주신 모든 분들과 메카피아 임직원 여러분께 고마운 마음을 전합니다.

CONTENTS

□ 공구 목록 · 6

I. 각도 조절 스탠드 선풍기 · · · · · · · · · · · · · 7

A. 조립품 및 각 부품 · · · · · · · · · · · · · · · · · 9
B. 재료목록 · 10
C. 회로도 · 11
D. 설계 도면 · 12
   1. 조립 등각도 · · · · · · · · · · · · · · · · · · 12
   2. 분해도 · 13
   3. 조립도 · 14
   4. 부품도 · 15
E. 3D모델링 및 3D프린팅 · · · · · · · · · · · · 18

II. USB 충전 핸드 선풍기 · · · · · · · · · · · · · 39

□ A-Type · 41
A. 조립품 및 각 부품 · · · · · · · · · · · · · · · · 41
B. 재료목록 · 42
C. 회로도 · 43
D. 설계 도면 · 44
   1. 조립등각도 · · · · · · · · · · · · · · · · · · · 44
   2. 분해도 · 45
   3. 조립도 · 46
   4. 부품도 · 47
E. 3D모델링 및 3D프린팅 · · · · · · · · · · · · 50

☐ B-Type · 67
    A. 조립품 및 각 부품 · · · · · · · · · · · · · · · · · 67
    B. 재료목록 · 68
    C. 회로도 · 69
    D. 설계 도면 · 70
        1. 조립등각도 · · · · · · · · · · · · · · · · · · 70
        2. 분해도 · 71
        3. 조립도 · 72
        4. 부품도 · 76
    E. 3D모델링 및 3D프린팅 · · · · · · · · · · · · · · · 66

III. 앱제어 핸드 선풍기 · · · · · · · · · · · · · · · 107

    A. 조립품 및 각 부품 · · · · · · · · · · · · · · · · · 109
    B. 재료목록 · 110
    C. 회로도 · 111
    D. 제어 앱 코딩 · 113
    E. 아두이노 환경설정 · · · · · · · · · · · · · · · · · 115
    F. 아두이노 코딩 · · · · · · · · · · · · · · · · · · · 120
    G. 블록 코딩 · 127
    H. 설계 도면 · 132
        1. 조립등각도 · · · · · · · · · · · · · · · · · · 132
        2. 분해도 · 133
        3. 조립도 · 134
        4. 부품도 · 135
    I. 3D모델링 및 3D프린팅 · · · · · · · · · · · · · · · 138

■ 공구 목록

[표 1] Ⅰ·Ⅱ·Ⅲ 선풍기 제작에 필요한 공구

	품명	규격	수량	예상단가(원)	비고
1	소형미니 드라이버	(+), 2.5X75	1	2,450	
2	"	(-), 2.5X75	1	2,450	
3	절단 니퍼	130mm	1	4,550	
4	곡형 니들노즈 플라이어	4"(100mm)	1	20,300	
5	와이어 스트리퍼	0.6-2.6mm	1	6,000	
6	철공용줄 세트	6PC, 150mm	1	8,850	
7	안전장갑(NBR코팅)	L	1	1,850	
8	핀셋(정전기방지)	120mm(OO), 스테인리스	1	1,350	
9	세라믹 인두기	220V, 25W	1	24,500	
10	실납	100g	1	2,900	
11	PVC공구함(투명형)	305x150x100	1	6,140	
	계			75,200	

I

각도 조절 스탠드 선풍기

■ 본 서에 수록된 선풍기 STL 파일 다운로드 안내입니다.

■ 3D프린터로 출력 가능한 stl 파일이 도서출판 메카피아의 네이버 카페에 업로드 되어 있으니 본 서를 구입하신 독자 여러분께서는 자유롭게 다운로드 하시어 학습에 활용하시기 바랍니다.

〈STL 파일 형식 무료 제공〉
- 각도 조절 스탠드 선풍기
- USB 충전 핸드 선풍기
- 앱제어 핸드 선풍기

〈도서출판 메카피아 네이버 카페〉
https://cafe.naver.com/mechabooks

A. 조립품 및 각 부품

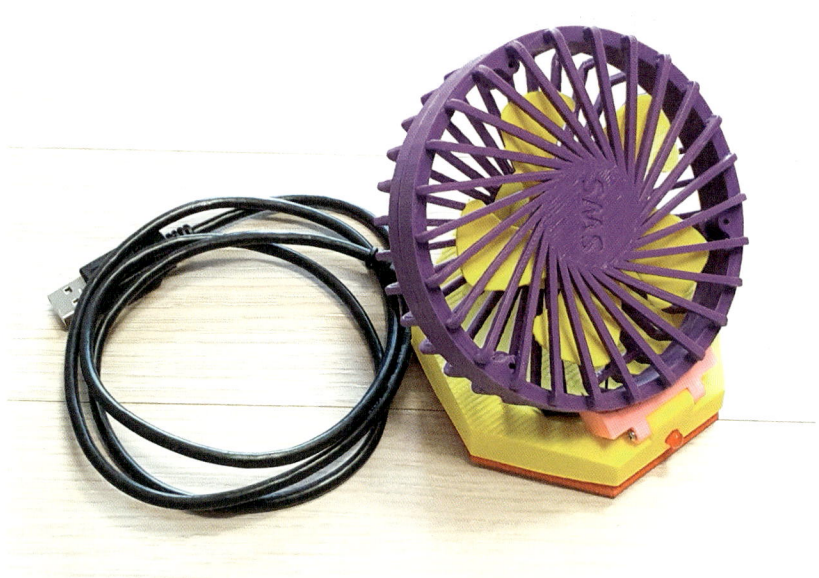

B. 재료목록

[표 2] 각도 조절 스탠드 선풍기 재료

	품명	규격	수량	예상단가(원)	비고
1	저전류 모터	DC3-6V/28mA,3300~6600rpm	1	580	www.auction.co.kr/ 상품번호 : B554884768
2	마이크로 USB 커넥터	5-PIN, B-Type ,18×20(mm)	1	300	www.ic114.com/ 제품 ID : P0087369
3	사각 시소스위치	125VAC(6A) ON-OFF 2핀	1	300	www.ic114.com/ 제품 ID : P0075214
4	USB케이블	USB-MICRO(B-TYPE)	1	300	www.ic114.com/ 제품 ID : P1040703
5	정전압 다이오드	IN4007 30A	1	55	www.ic114.com/ 제품 ID : P0028977
6	둥근머리 탭핑 2종 나사	(스텐), M2.6×8	2	48	www.boltmall2.com/
7	둥근머리 탭핑 2종 나사	(스텐), M2.0×8	11	48	www.boltmall2.com/
8	발광다이오드	LED□5MM-RED-Round	1	30	www.ic114.com/ 제품 ID : P0081253
9	저항	1/4W 10kΩ	1	20	www.ic114.com/ 제품 ID : P0039423
10	컬러플래트케이블	40PIN-COLOR 1.27MM	1	3,500	www.ic114.com/ 제품 ID : P0031792
11	열수축 튜브	φ2.0×1000	1	250	www.ic114.com/ 제품 ID : P0032189
12	필라멘트	PLA(다양한 색상)	3인1롤	0	학교보유기종 구입
	계			4,851	

C. 회로도

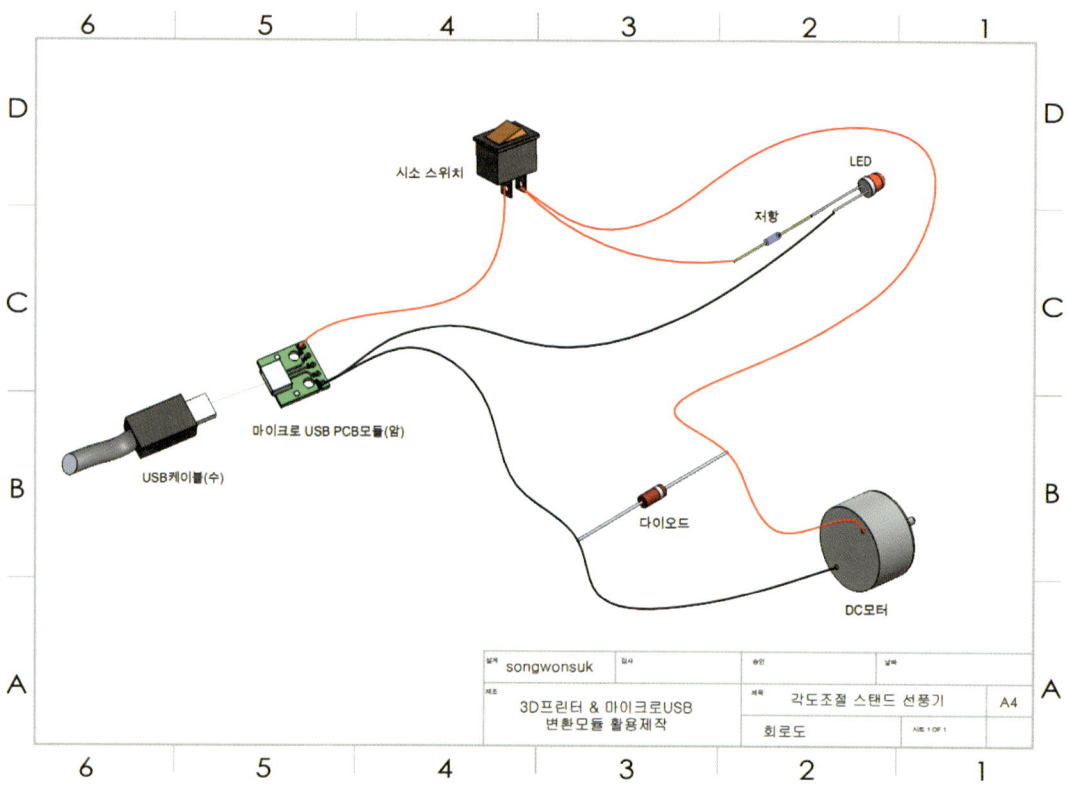

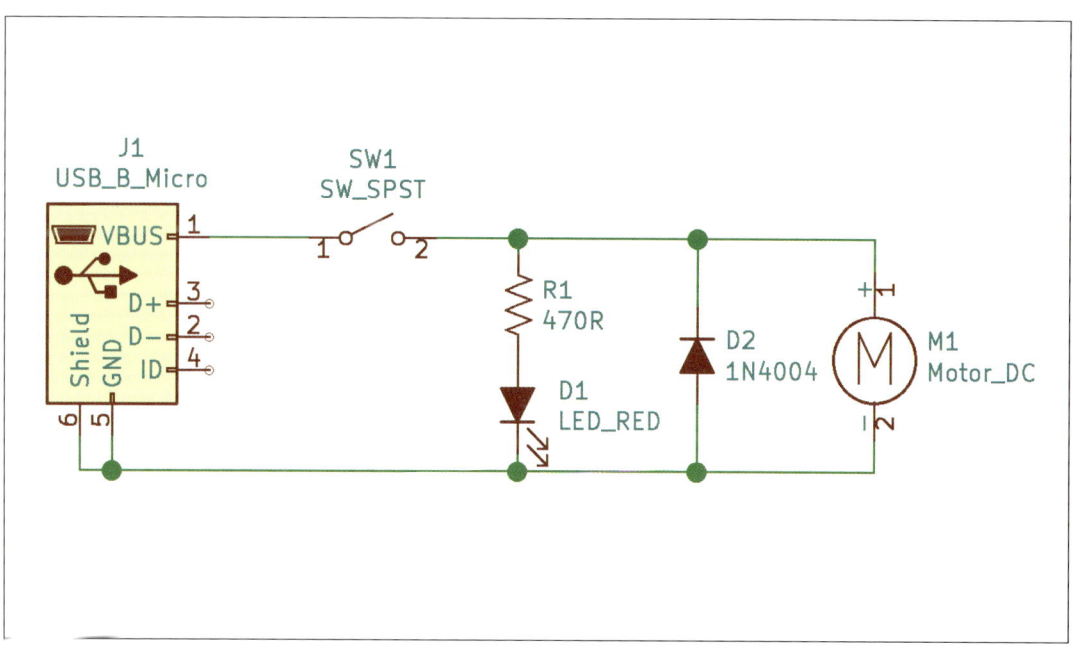

D. 설계 도면

1. 조립 등각도

2. 분해도

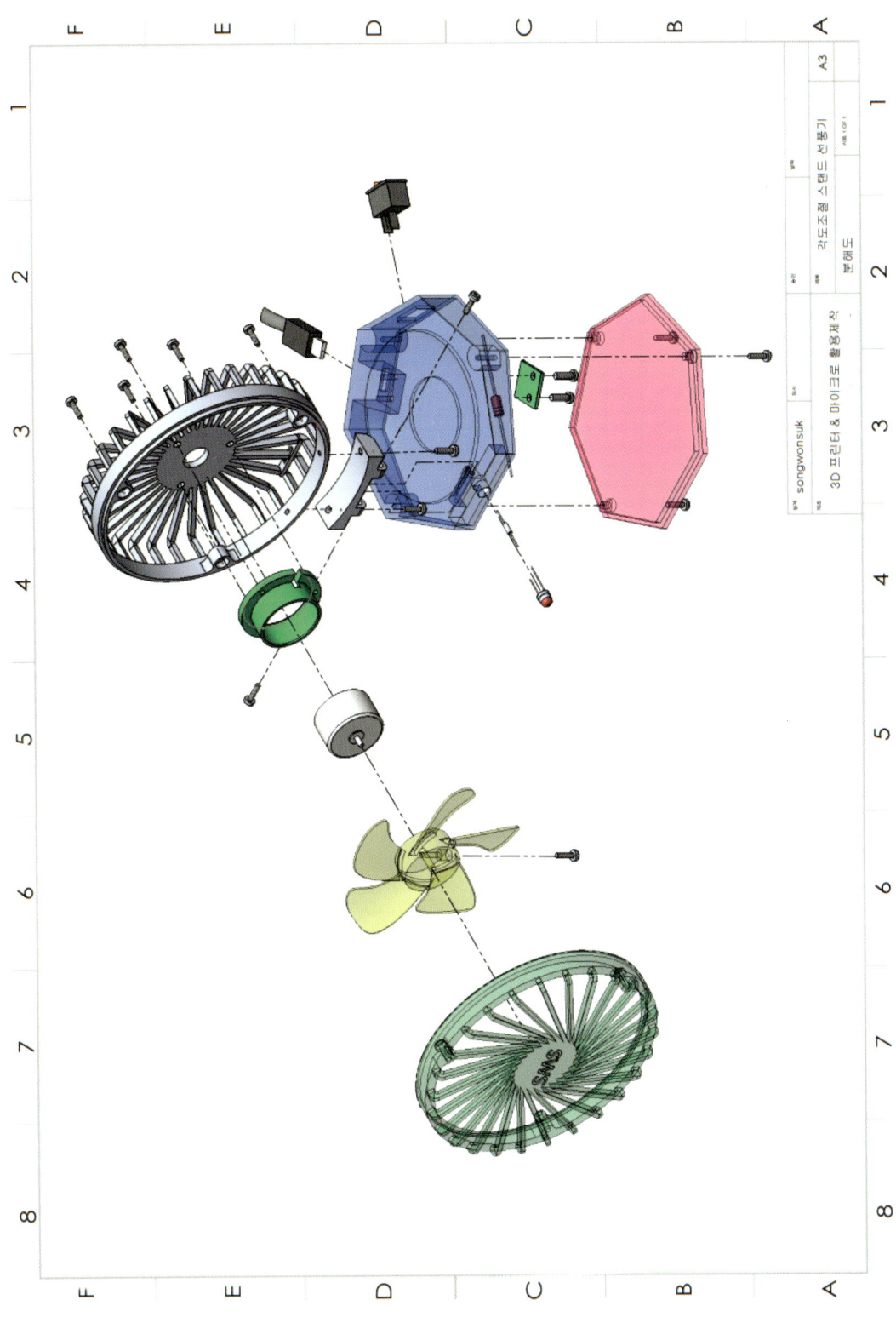

3. 조립도

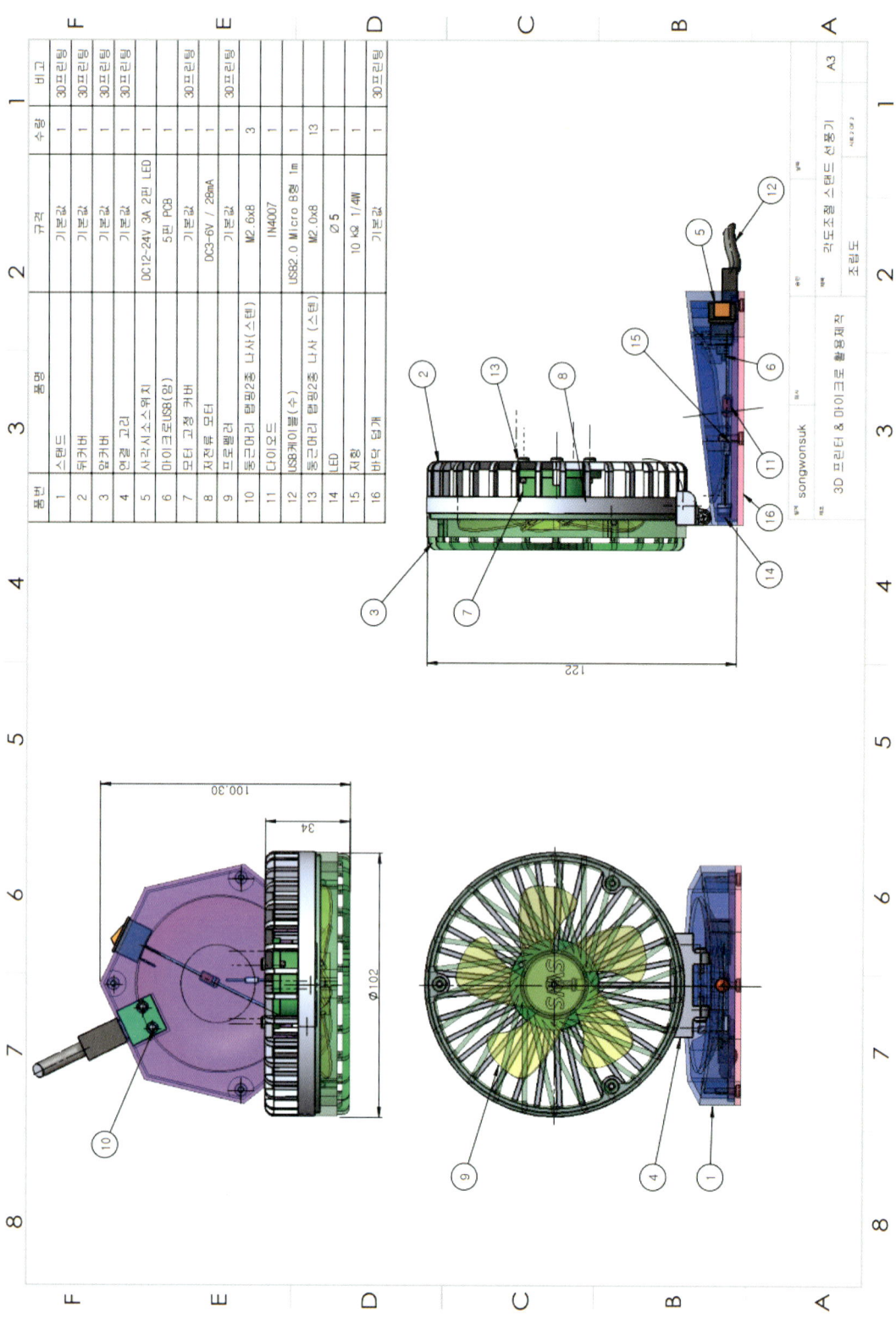

4. 부품도

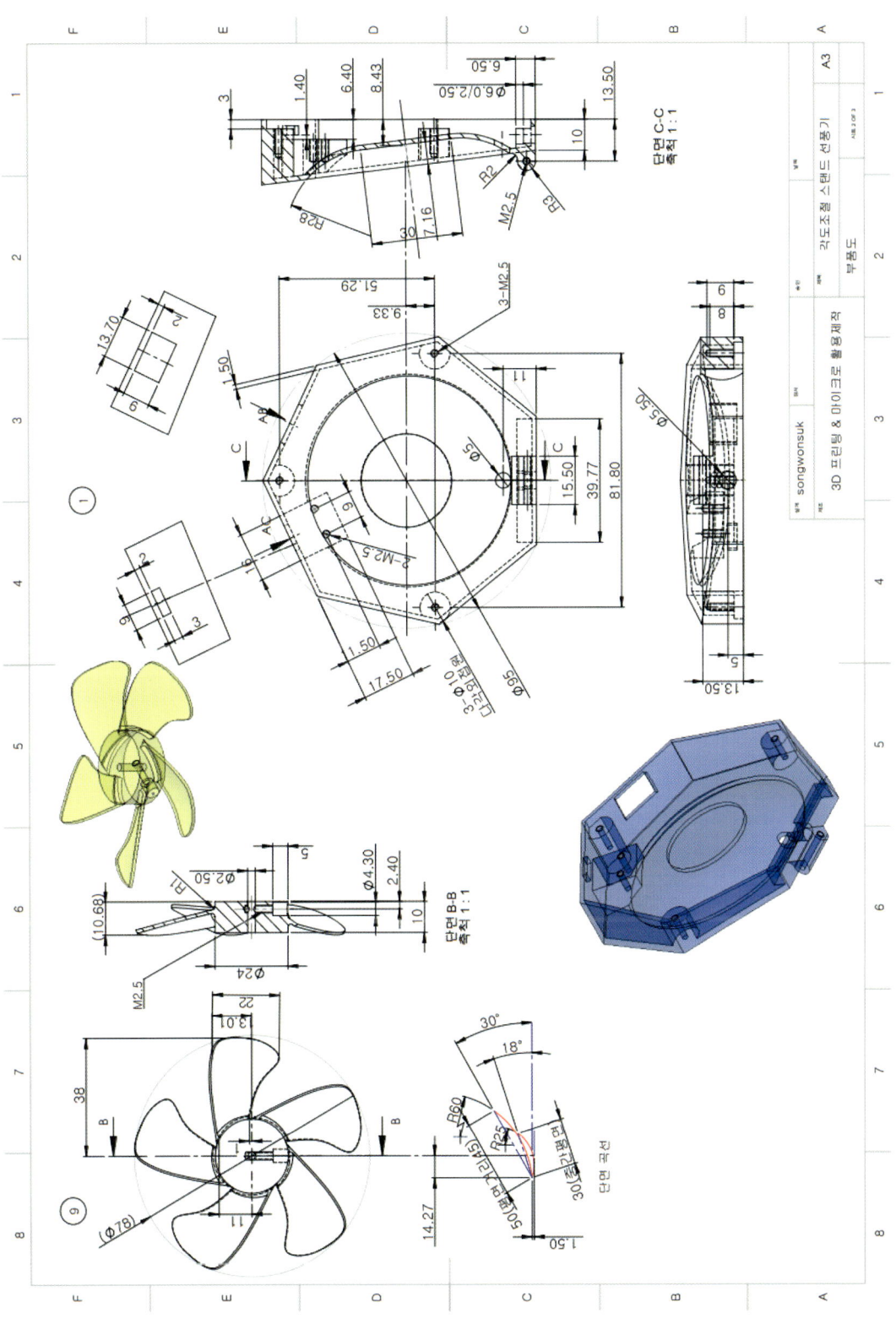

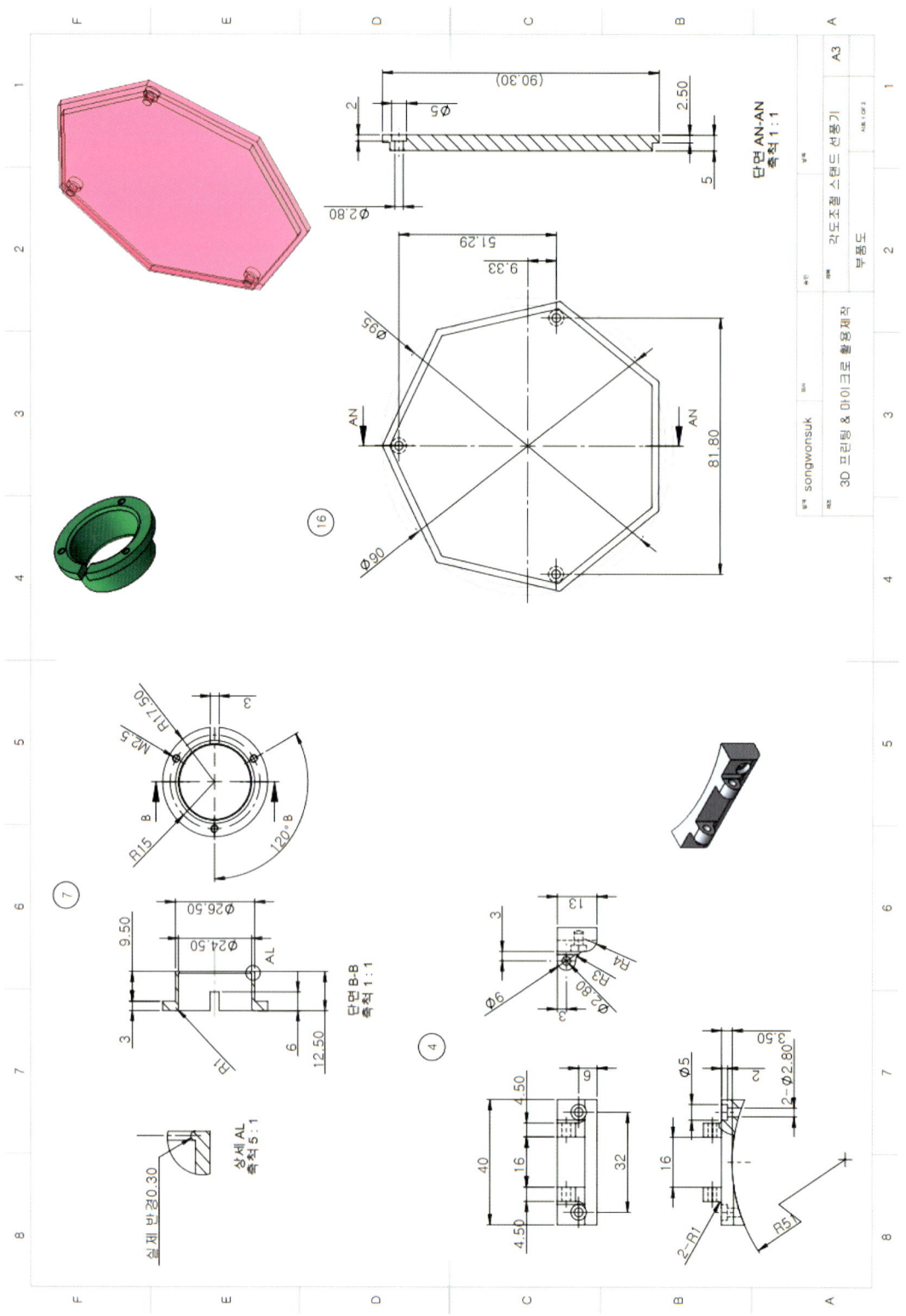

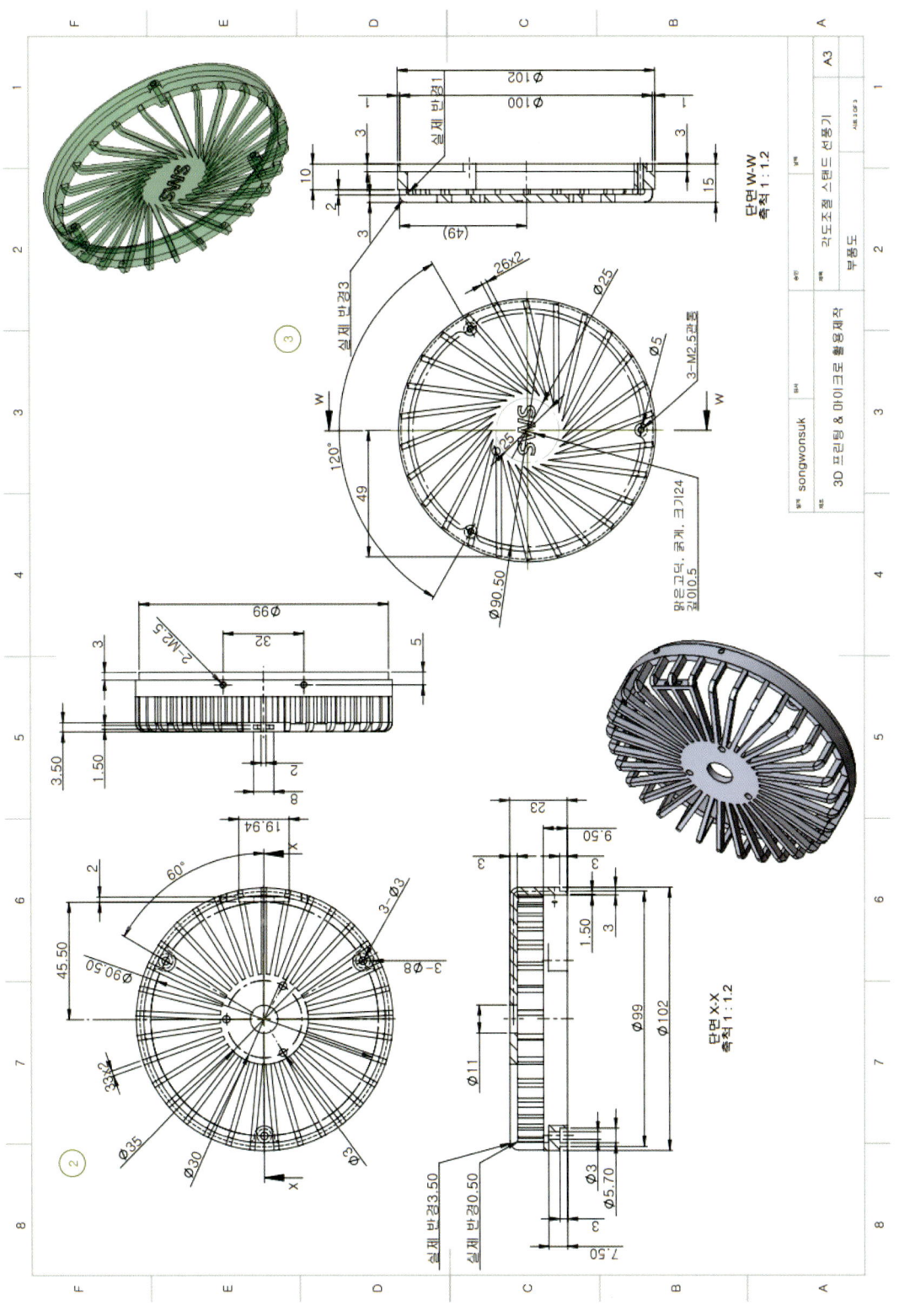

E. 3D모델링 및 3D프린팅

1. 부품

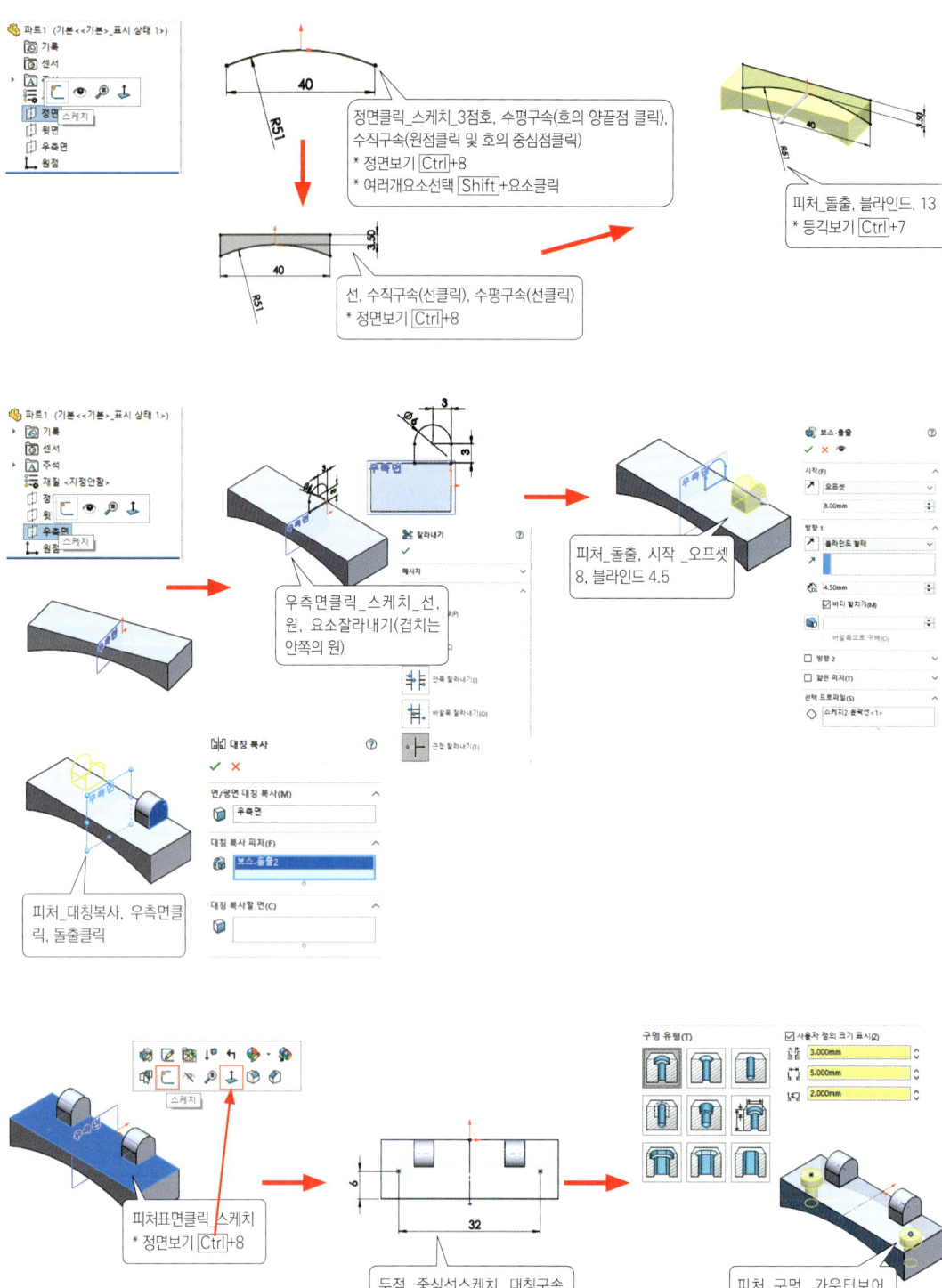

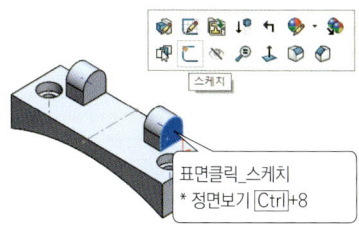
표면클릭_스케치
* 정면보기 Ctrl+8

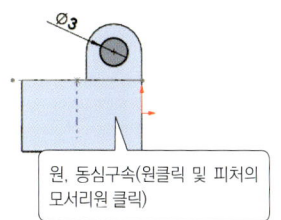
원, 동심구속(원클릭 및 피처의 모서리원 클릭)

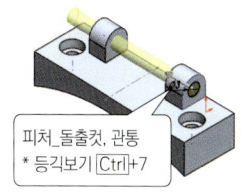
피처_돌출컷, 관통
* 등각보기 Ctrl+7

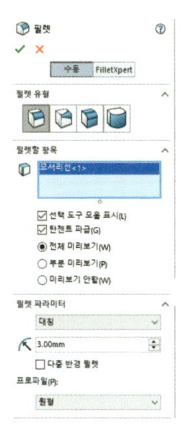

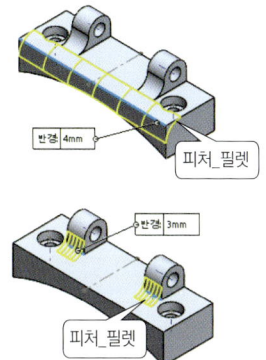
피처_필렛

피처_필렛

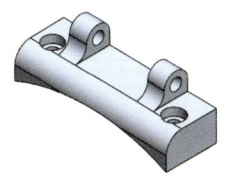

STL파일로 저장하기

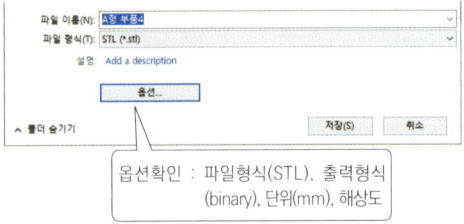

옵션확인 : 파일형식(STL), 출력형식
(binary), 단위(mm), 해상도

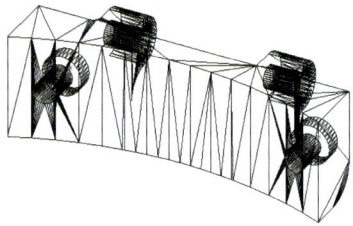

STL파일 슬라이싱 및 G-code 파일로 저장하기

[프린터 설정 : Cubicon Style Plus-A15]

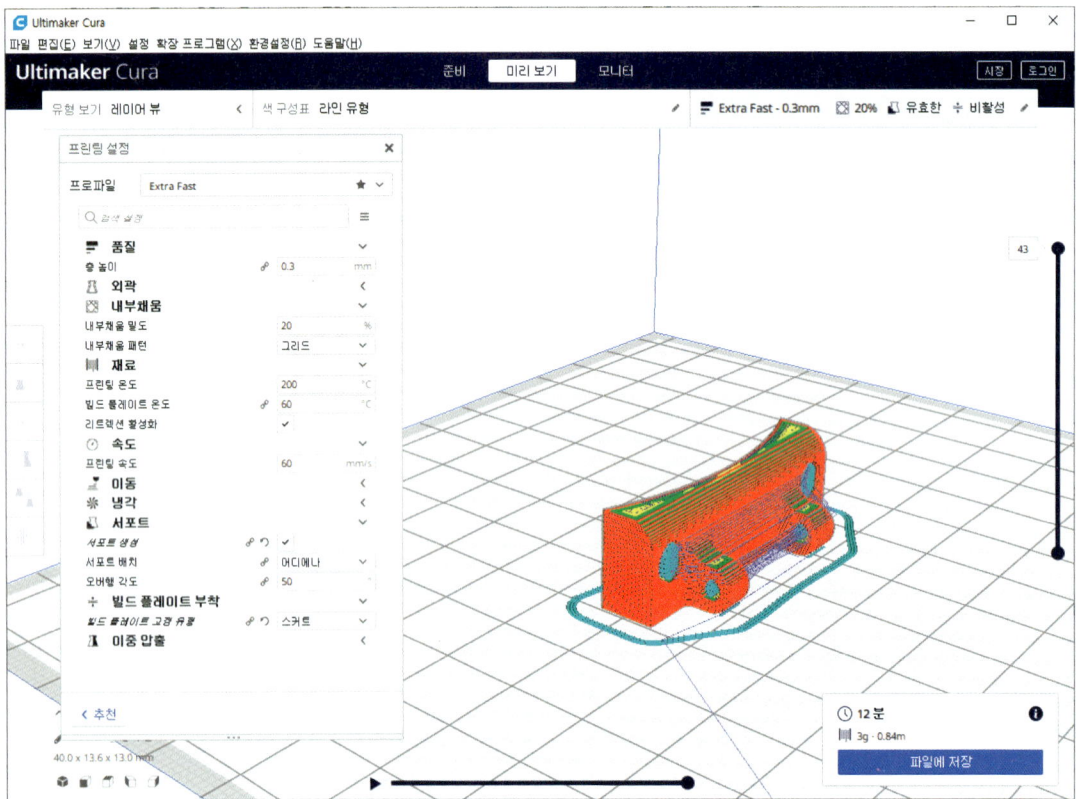

20 • 융합기술 프로젝트

2. 부품

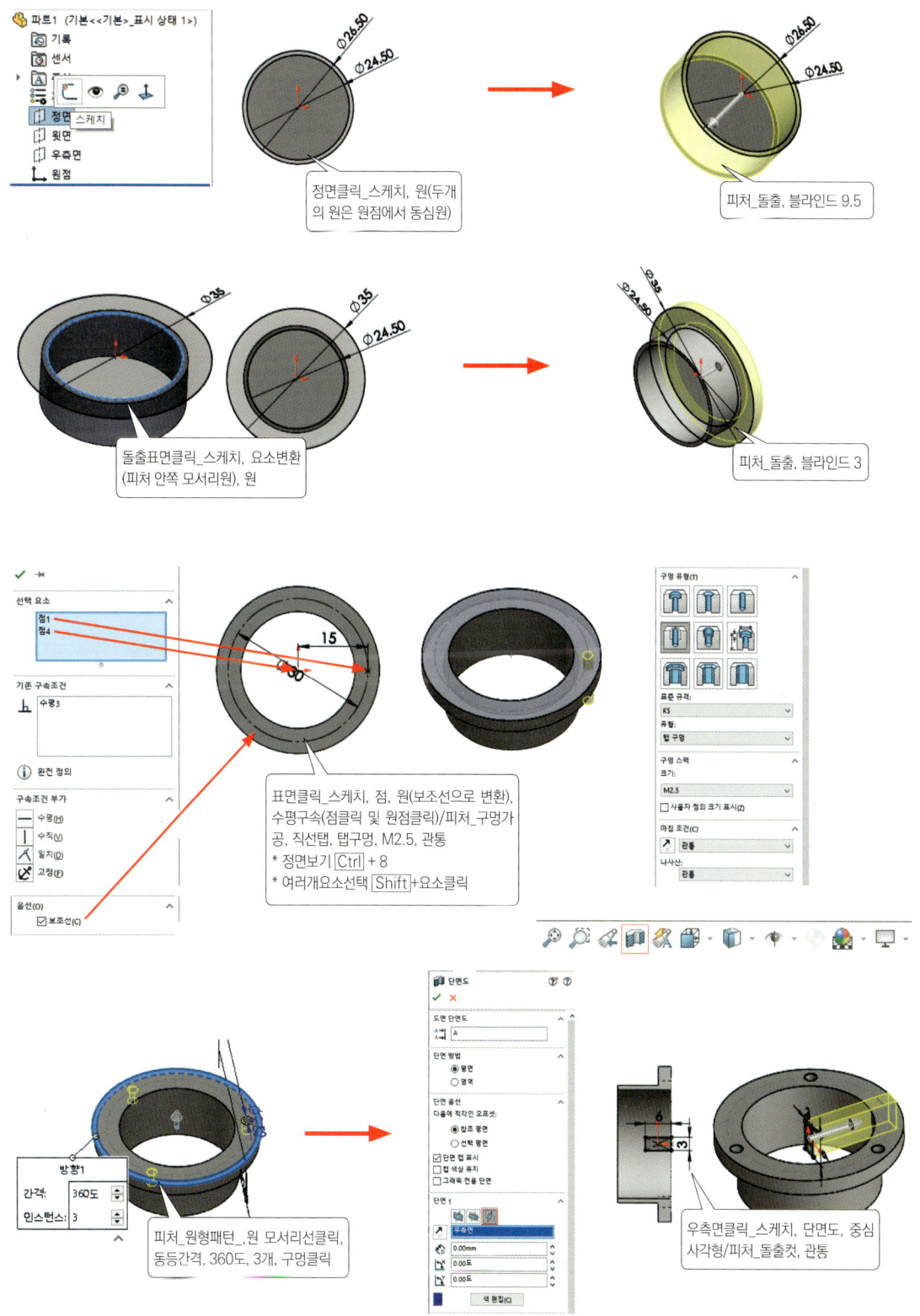

Ø0.60
우측면클릭_스케치, 단면도, 원,
임시축 보기/피처_회전, 360도
Ø0.60
반경: 1mm
필렛_1

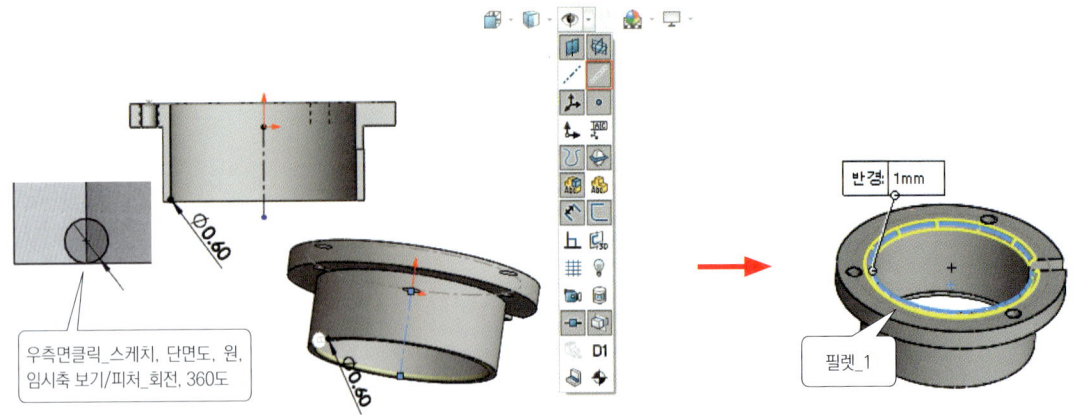

STL파일로 저장하기

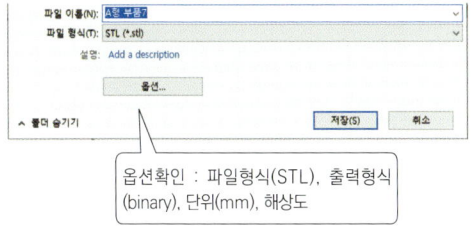

옵션확인 : 파일형식(STL), 출력형식 (binary), 단위(mm), 해상도

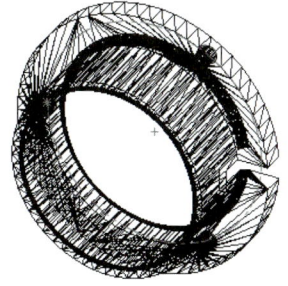

STL파일 슬라이싱 및 G-code 파일로 저장하기

[프린터 설정 : Cubicon Style Plus-A15]

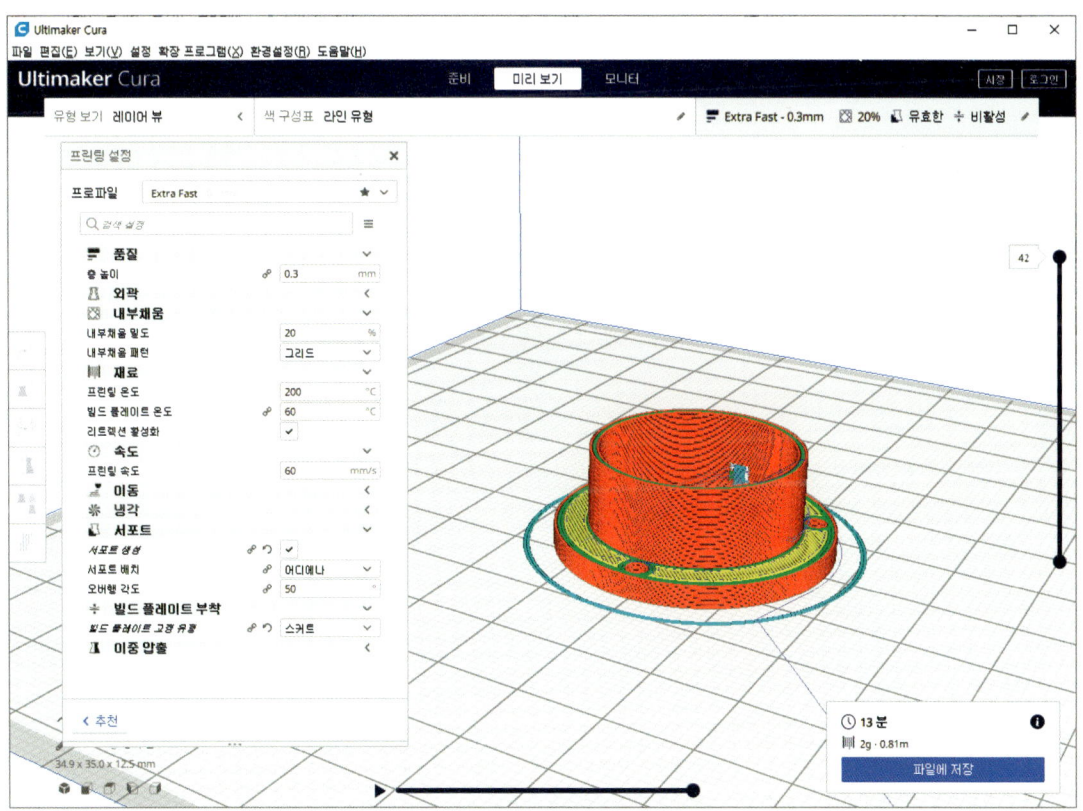

3. 부품

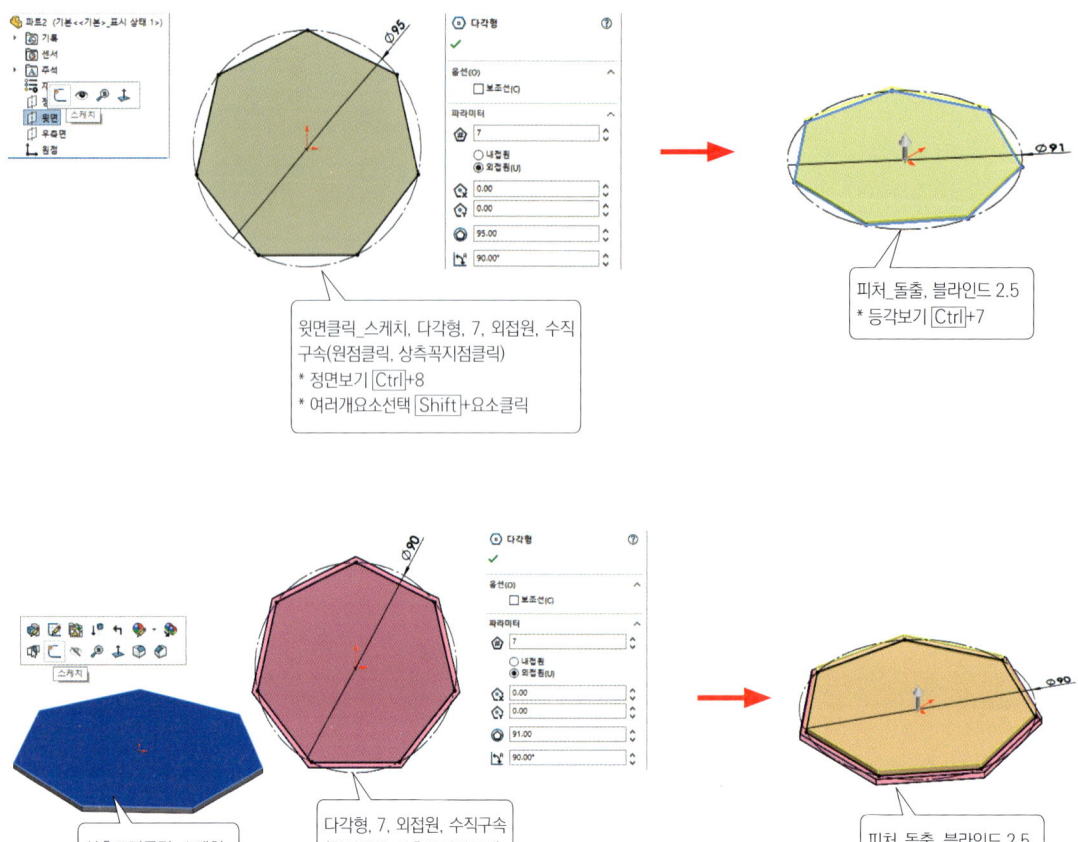

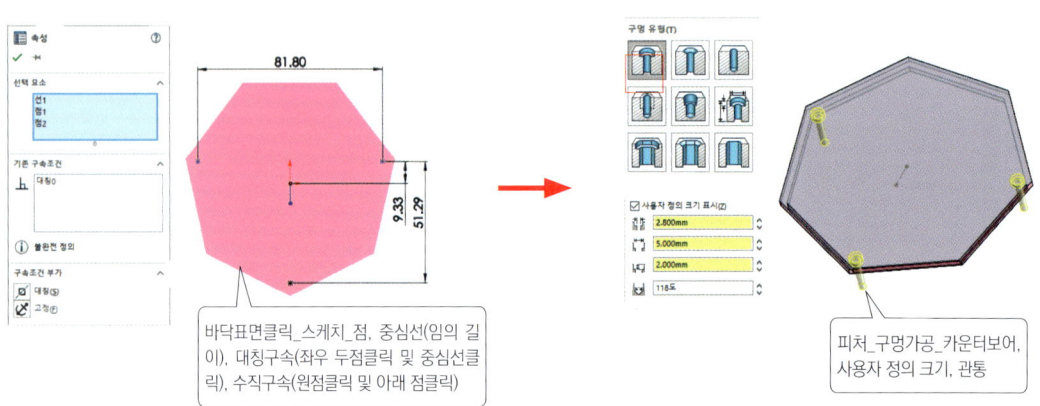

STL파일로 저장하기

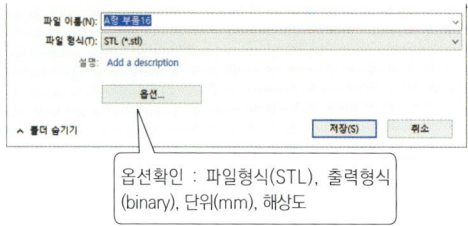

옵션확인 : 파일형식(STL), 출력형식 (binary), 단위(mm), 해상도

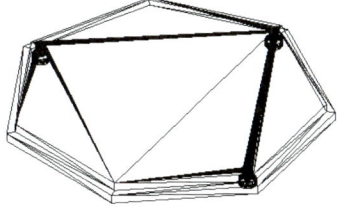

STL파일 슬라이싱 및 G-code 파일로 저장하기

[프린터 설정 : Cubicon Style Plus-A15]

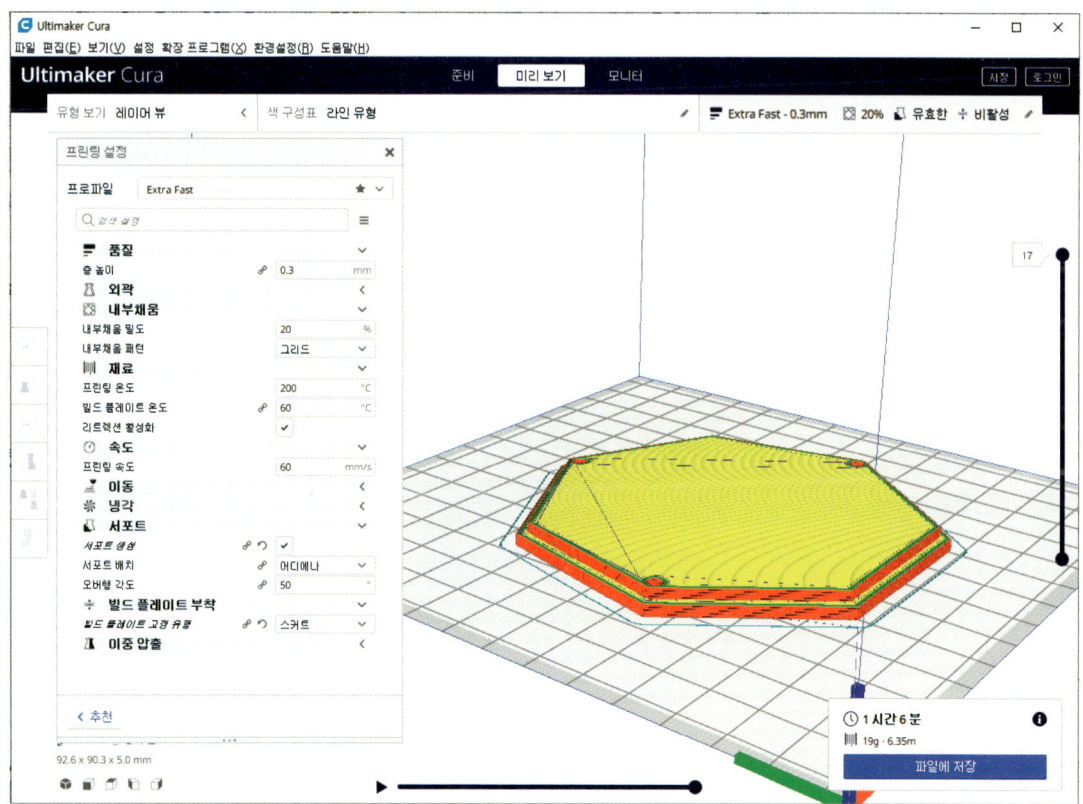

4. 부품

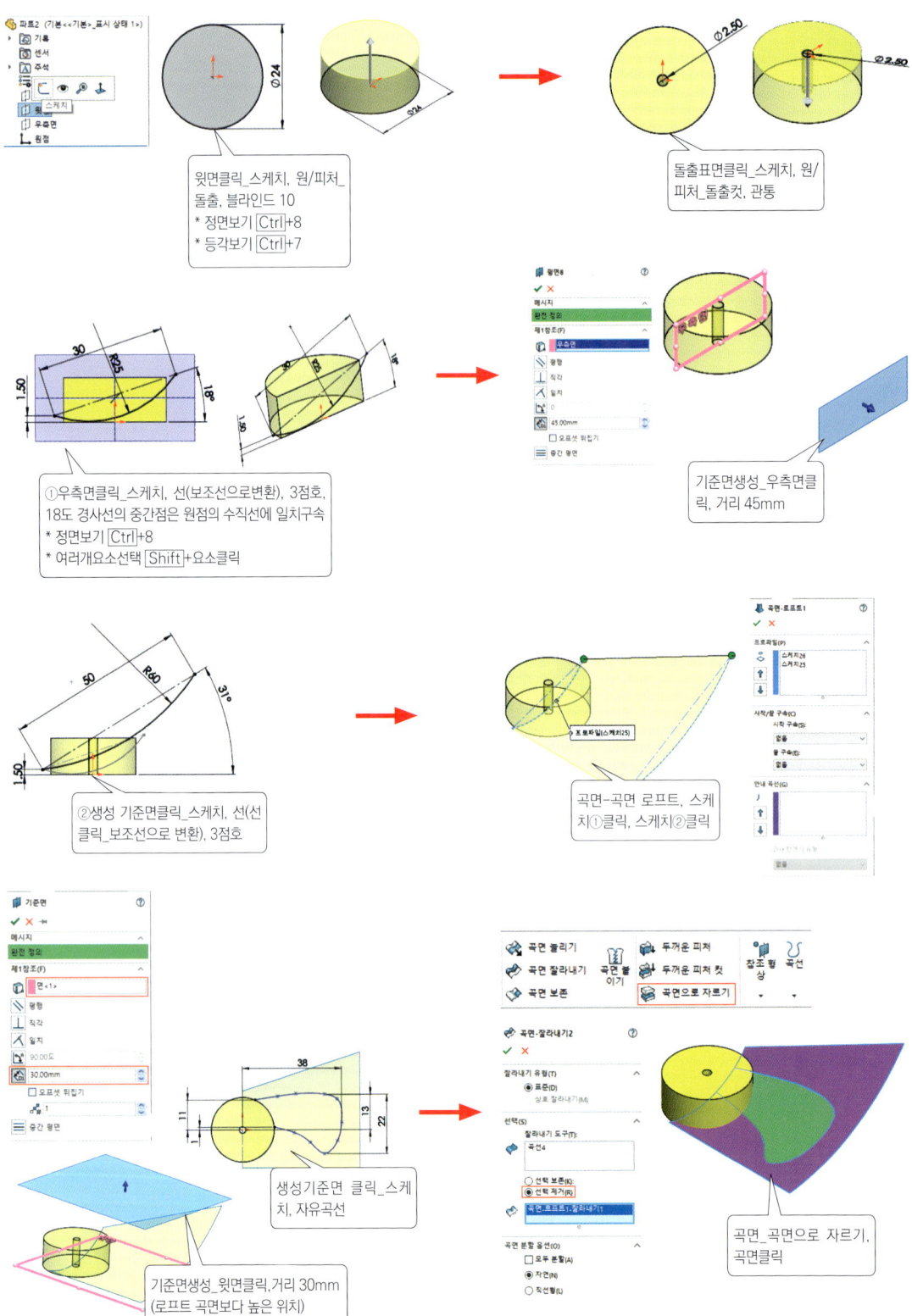

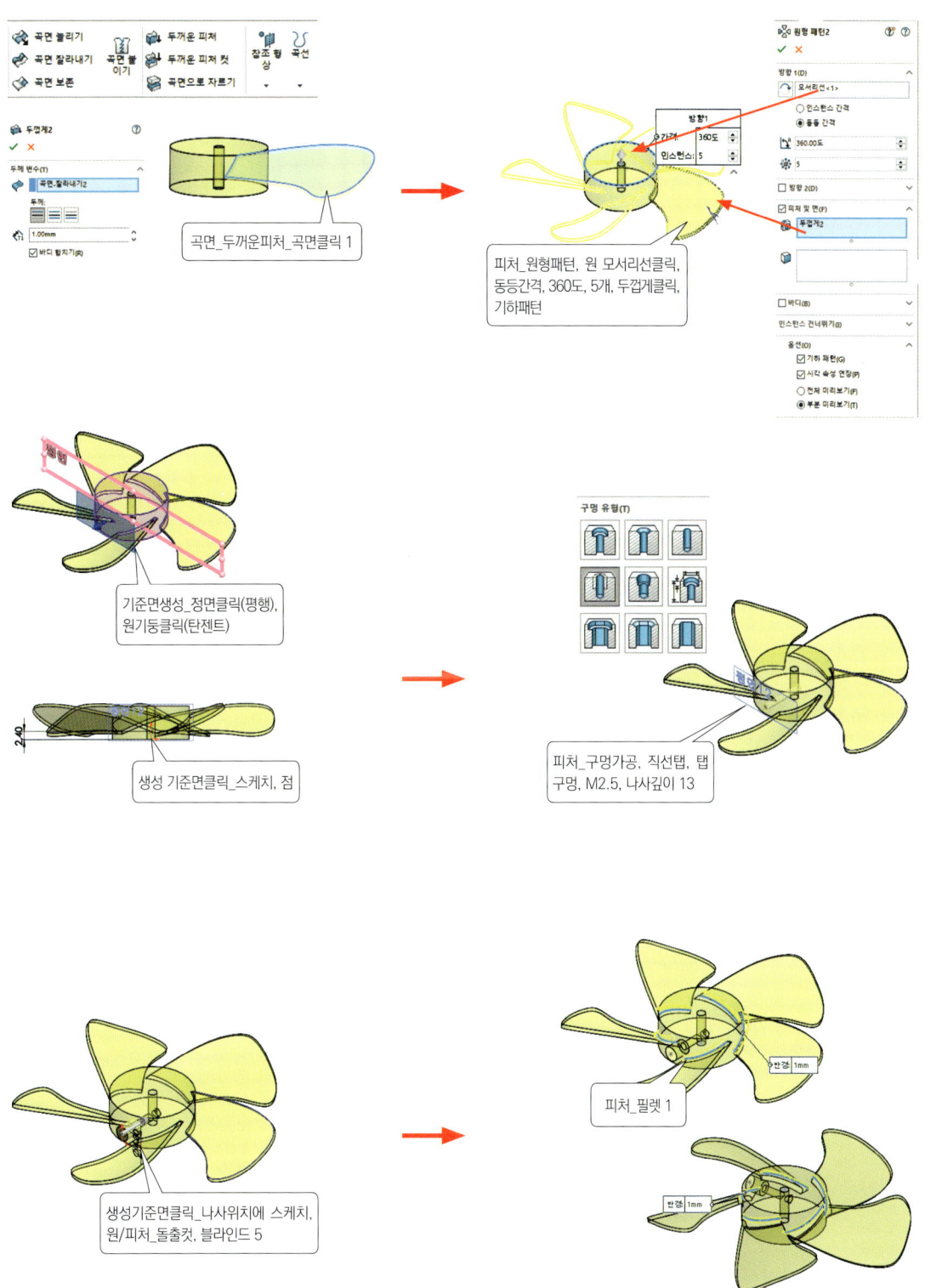

I. 각도 조절 스탠드 선풍기 • 27

STL파일로 저장하기

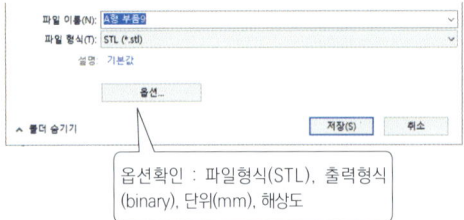

옵션확인 : 파일형식(STL), 출력형식 (binary), 단위(mm), 해상도

STL파일 슬라이싱 및 G-code 파일로 저장하기

[프린터 설정 : Cubicon Style Plus-A15]

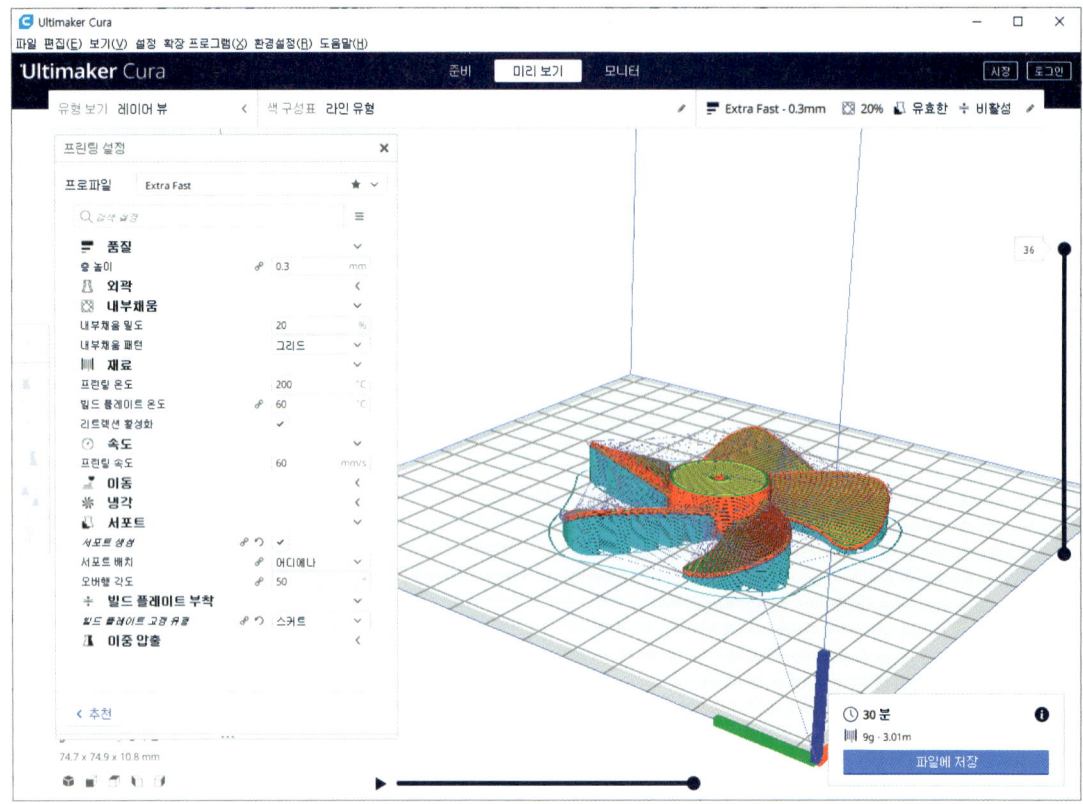

5. 부품

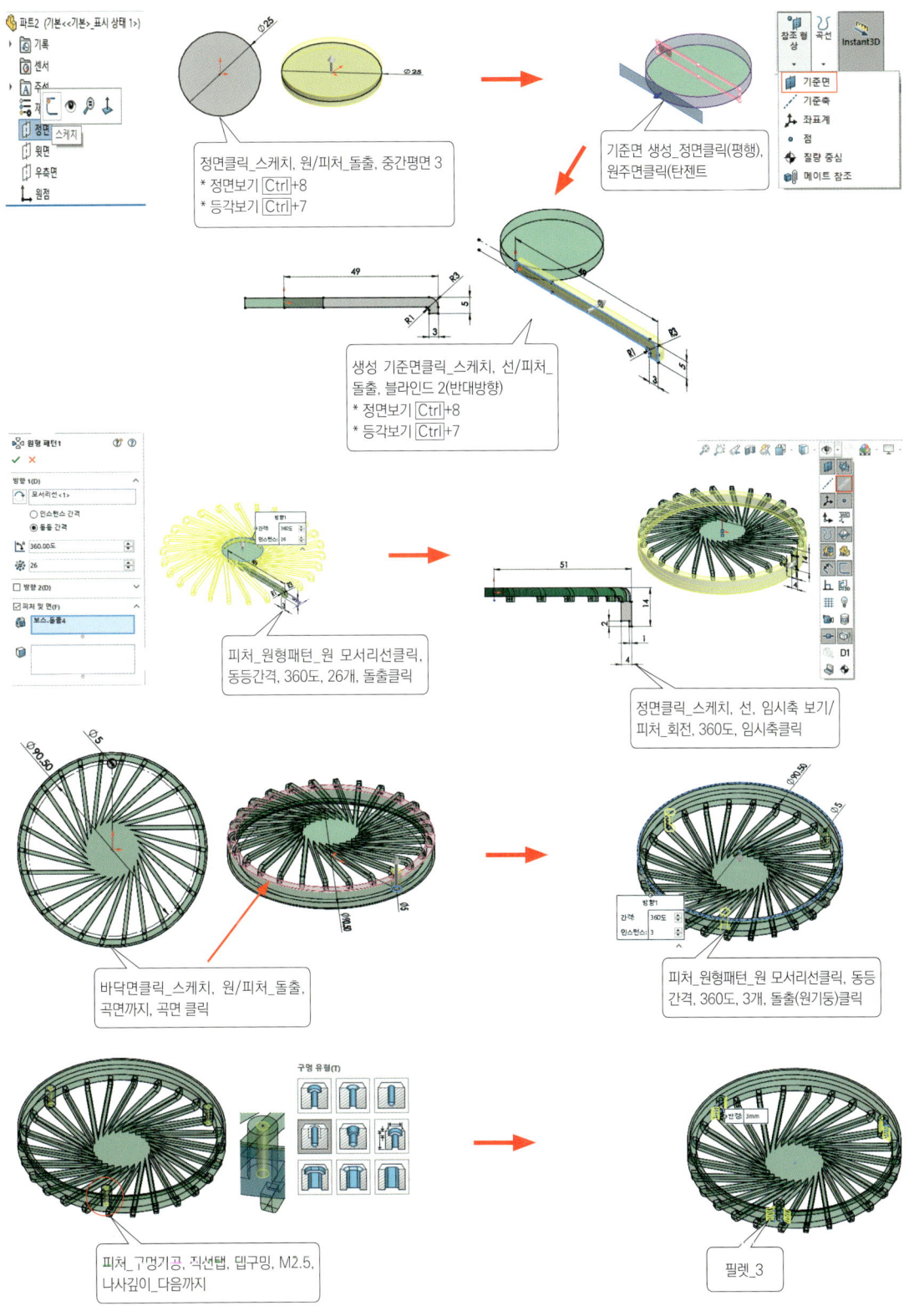

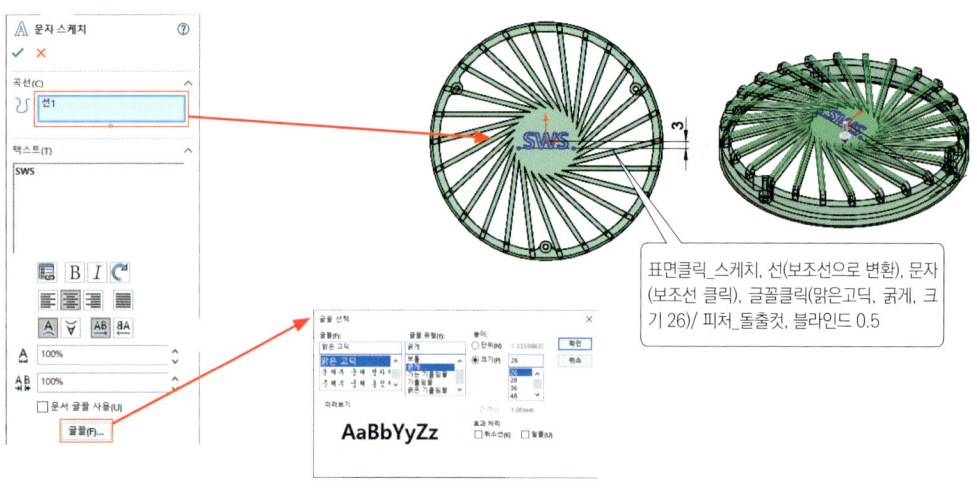

표면클릭_스케치, 선(보조선으로 변환), 문자(보조선 클릭), 글꼴클릭(맑은고딕, 굵게, 크기 26)/ 피처_돌출컷, 블라인드 0.5

STL파일로 저장하기

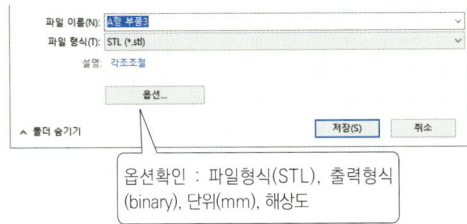

옵션확인 : 파일형식(STL), 출력형식(binary), 단위(mm), 해상도

STL파일 슬라이싱 및 G-code 파일로 저장하기

[프린터 설정 : Cubicon Style Plus-A15]

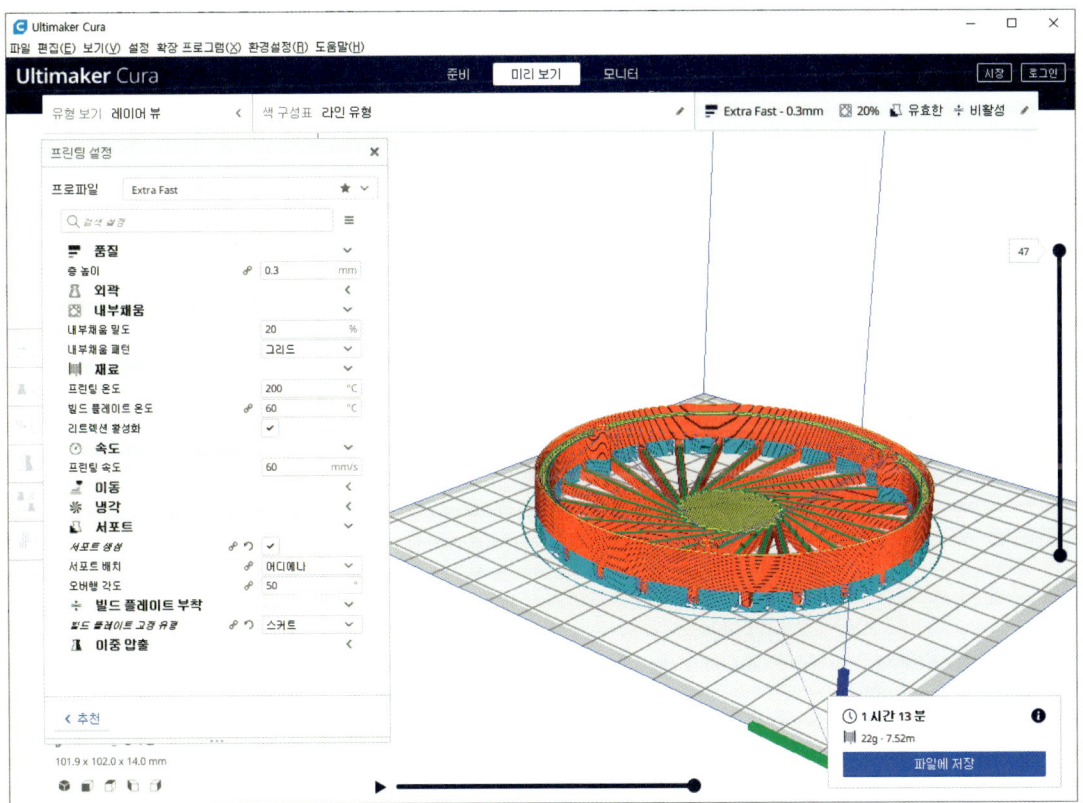

6. 부품

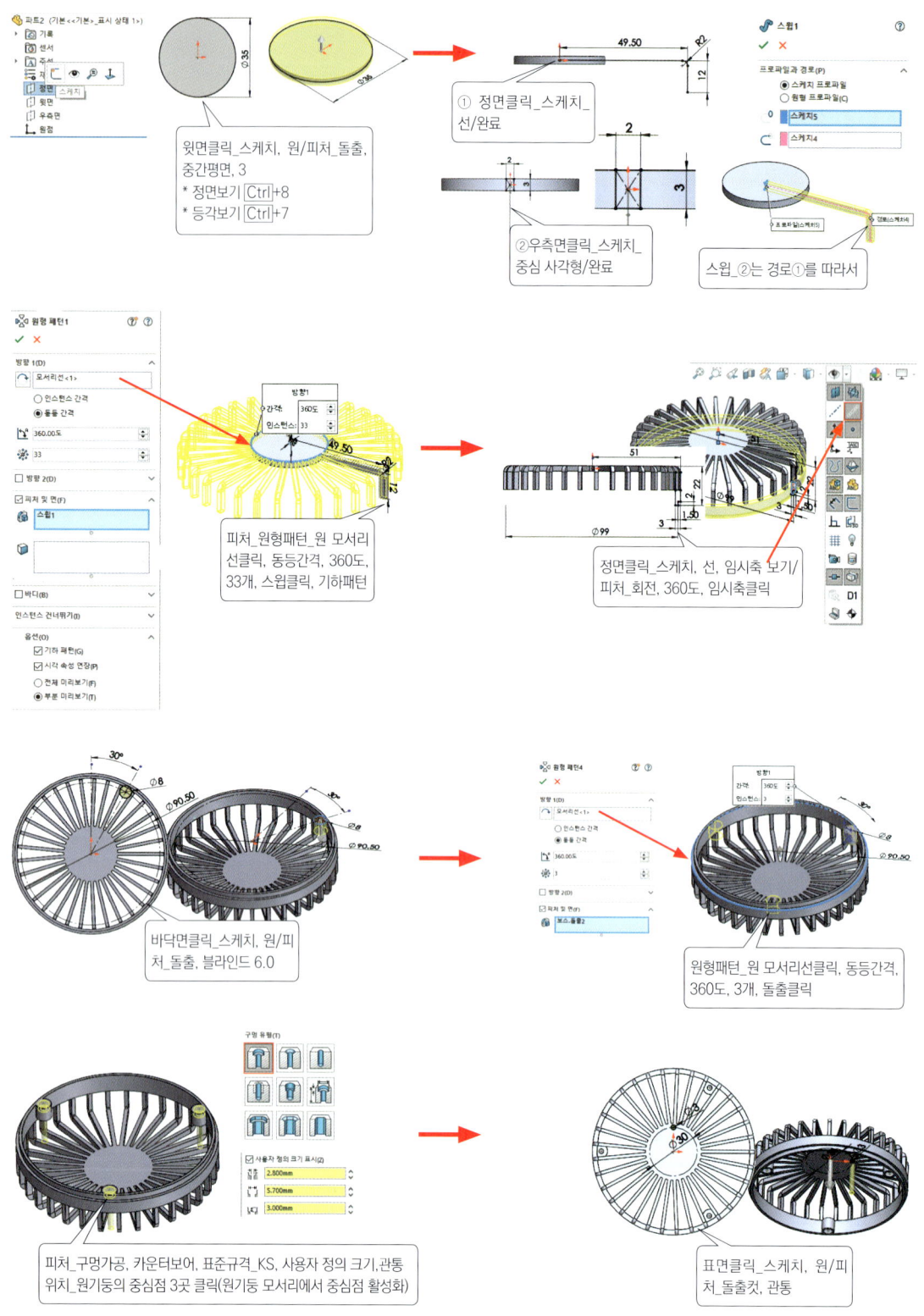

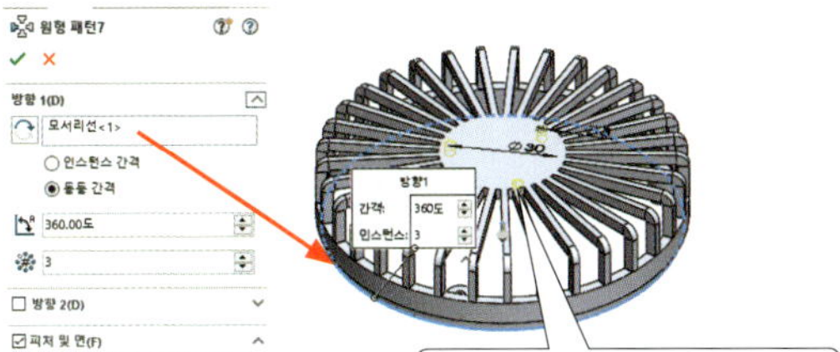

피처_원형패턴, 원 모서리선클릭, 동등간격, 360도, 3개, 돌출구멍클릭

표면클릭_스케치, 원/피처_돌출컷, 관통

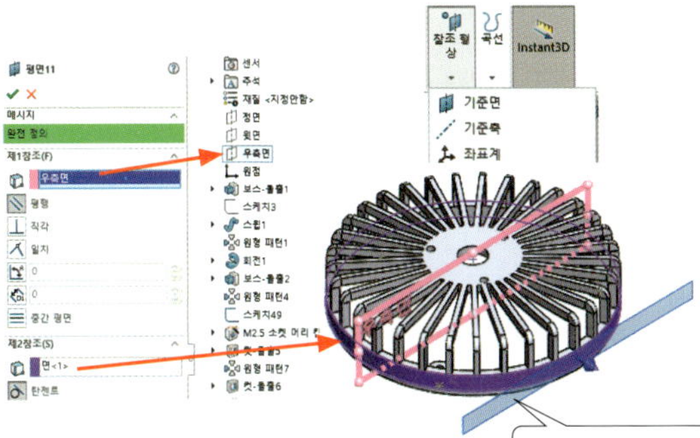

기준면 생성_원점의 우측면클릭(평행), 곡면클릭(탄젠트)

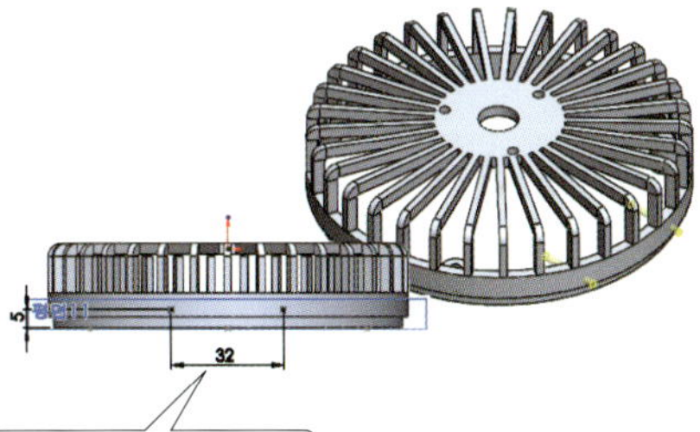

생성 기준면클릭_스케치, 점/피처_구멍가공, 직선탭, KS, 탭구멍, M2.5

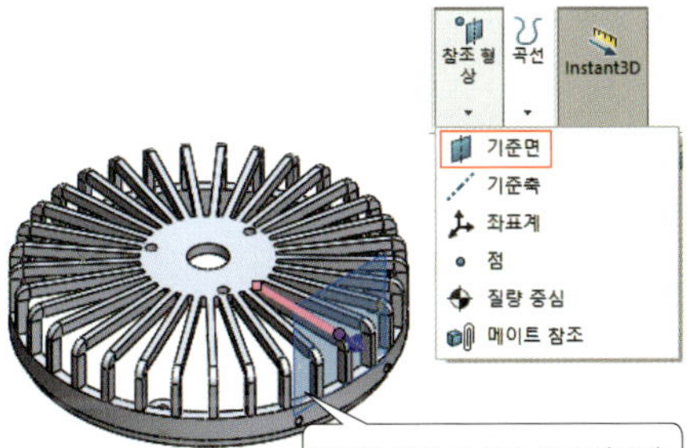

기준면 생성_모서리 선클릭(직각), 모서리 선의 끝점클릭(일치)

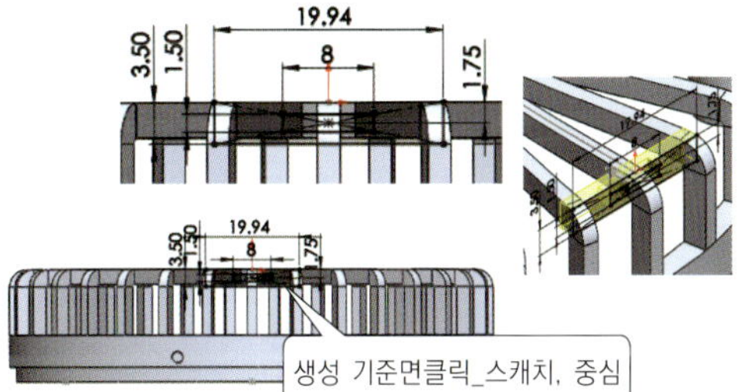

생성 기준면클릭_스케치, 중심 사각형/피처_돌출, 블라인드 2

피처_필렛 3

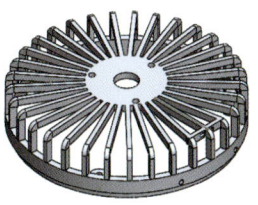

Ⅰ. 각도 조절 스탠드 선풍기 • 33

STL파일로 저장하기

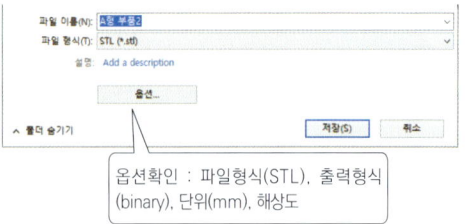

옵션확인 : 파일형식(STL), 출력형식
(binary), 단위(mm), 해상도

STL파일 슬라이싱 및 G-code 파일로 저장하기

[프린터 설정 : Cubicon Style Plus-A15]

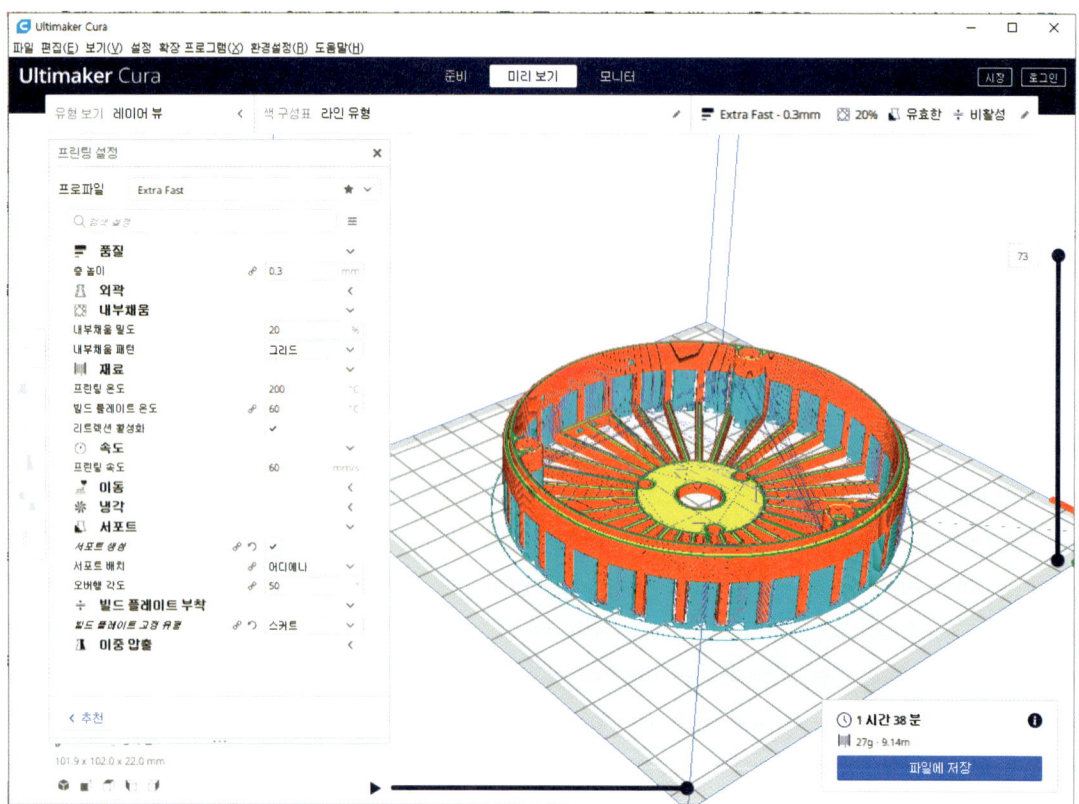

7. 부품

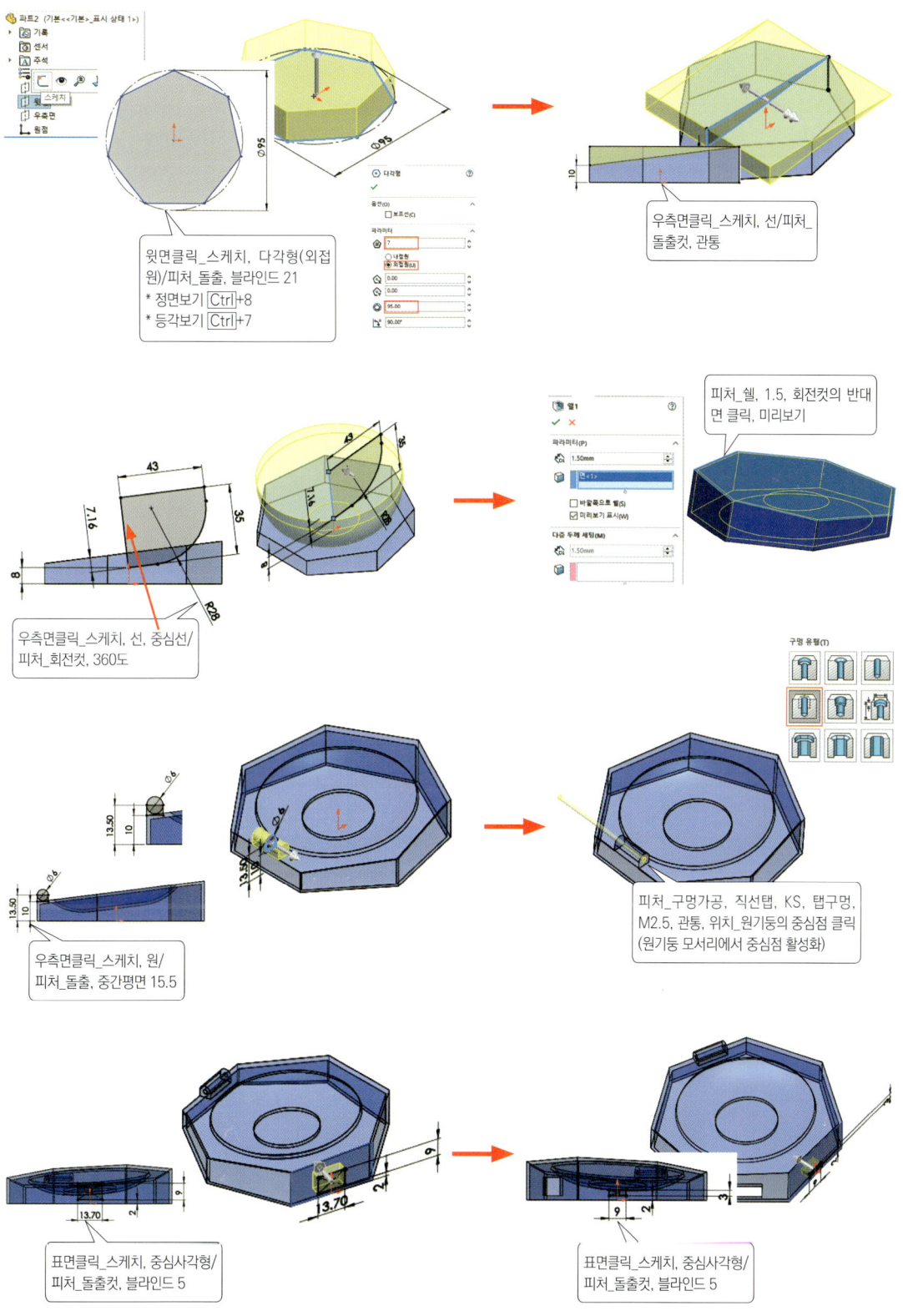

I. 각도 조절 스탠드 선풍기

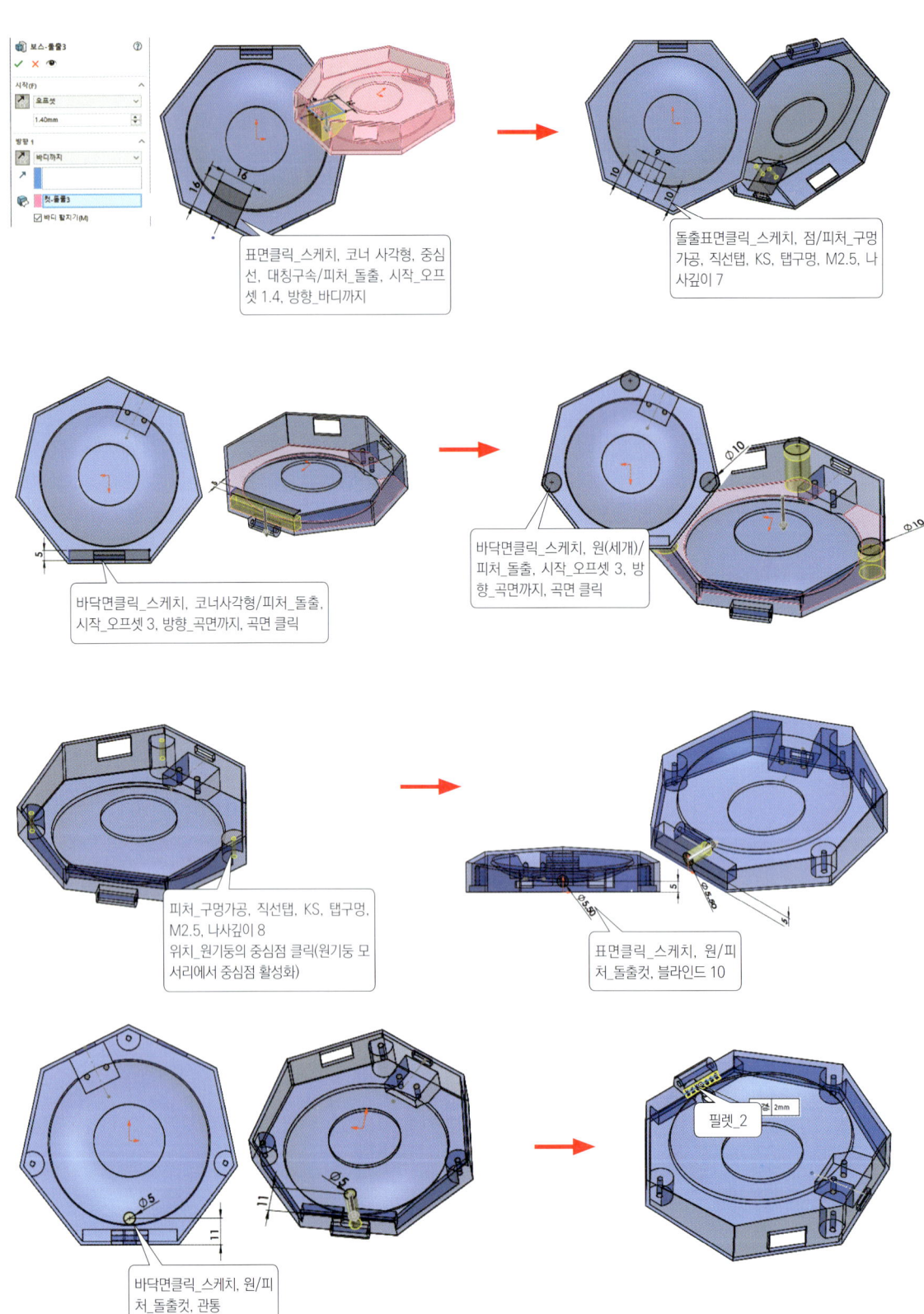

STL파일로 저장하기

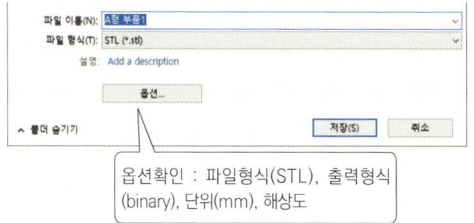

옵션확인 : 파일형식(STL), 출력형식 (binary), 단위(mm), 해상도

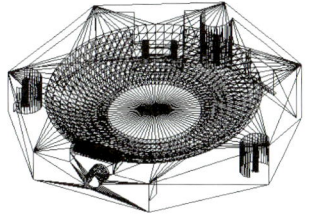

STL파일 슬라이싱 및 G-code 파일로 저장하기

[프린터 설정 : Cubicon Style Plus-A15]

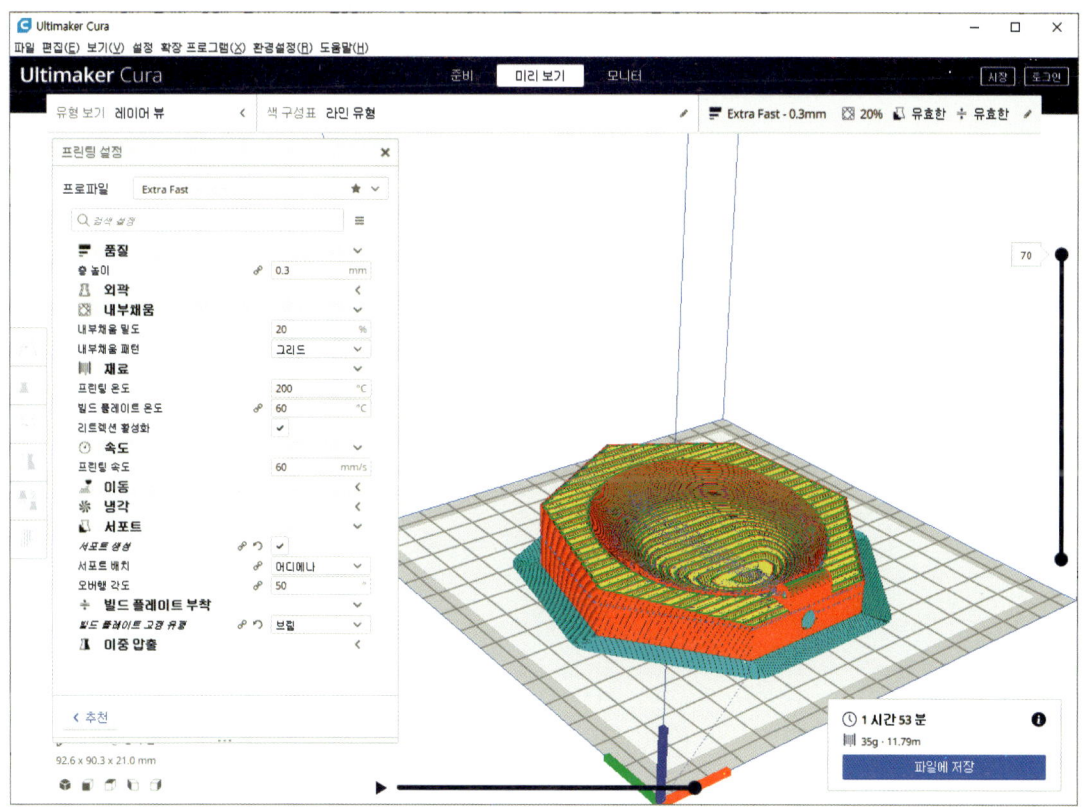

Ⅱ
USB 충전 핸드 선풍기

■ 본 서에 수록된 선풍기 STL 파일 다운로드 안내입니다.

■ 3D프린터로 출력 가능한 stl 파일이 도서출판 메카피아의 네이버 카페에 업로드 되어 있으니 본 서를 구입하신 독자 여러분께서는 자유롭게 다운로드 하시어 학습에 활용하시기 바랍니다.

〈STL 파일 형식 무료 제공〉
- 각도 조절 스탠드 선풍기
- USB 충전 핸드 선풍기
- 앱제어 핸드 선풍기

〈도서출판 메카피아 네이버 카페〉
https://cafe.naver.com/mechabooks

■ A-Type

A. 조립품 및 각 부품

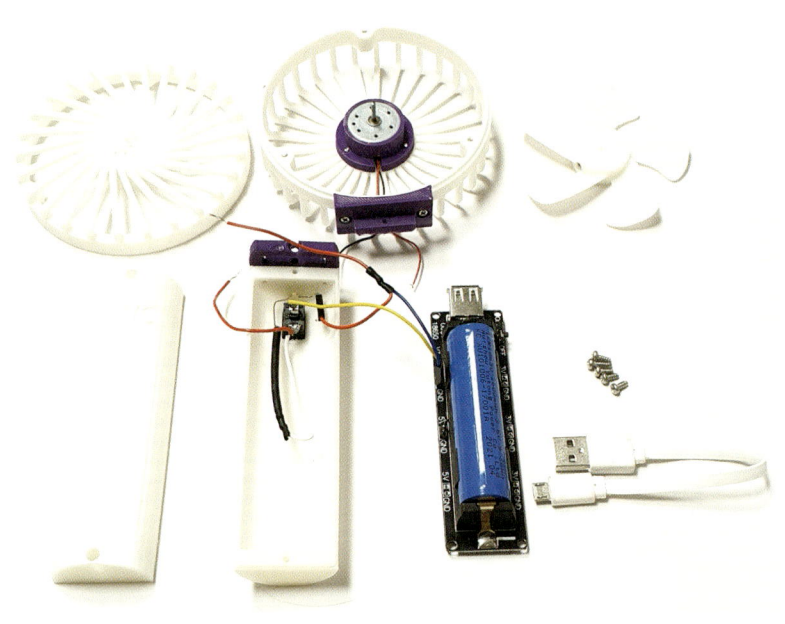

B. 재료목록

[표 3] A-Type USB충전 핸드 선풍기 재료

	품명	규격	수량	예상단가(원)	비고
1	저전류모터	DC3-6V/28mA,3300~6600rpm	1	580	www.auction.co.kr/ 상품번호 : B554884768
2	사각시소스위치	125VAC(6A) ON-OFF 2핀	1	300	www.ic114.com 제품 ID : P0075214
3	리튬이온 배터리	18650-2600mAh	1	3,300	www.ic114.com 제품 ID : P0088425
4	배터리 홀더	18650 CHARGER HOLDER	1	4,000	www.ic114.com 제품 ID : P0090533
5	발광다이오드	LED5MM-RED-Round	1	30	www.ic114.com 제품 ID : P0081253
6	저항	1/4W10㏀	1	20	www.ic114.com 제품 ID : P0039423
7	정전압 다이오드	IN4007 30A	1	55	www.ic114.com 제품 ID : P0028977
8	컬러플래트케이블	40PIN COLOR 1.27MM	1	3,500	www.ic114.com 제품 ID : P0031792
9	USB 케이블	USB-MICRO(B-TYPE)	1	300	www.ic114.com 제품 ID : P1040703
10	열수축 튜브	φ2.0x1M	1	250	www.ic114.com 제품 ID : P0032189
11	둥근머리탭핑2종나사	(스텐), M2.6x8	14	48	www.boltmall2.com
12	필라멘트	PLA(다양한 색상)	3인1롤	–	학교보유기종 구입
	계			11,803	

C. 회로도

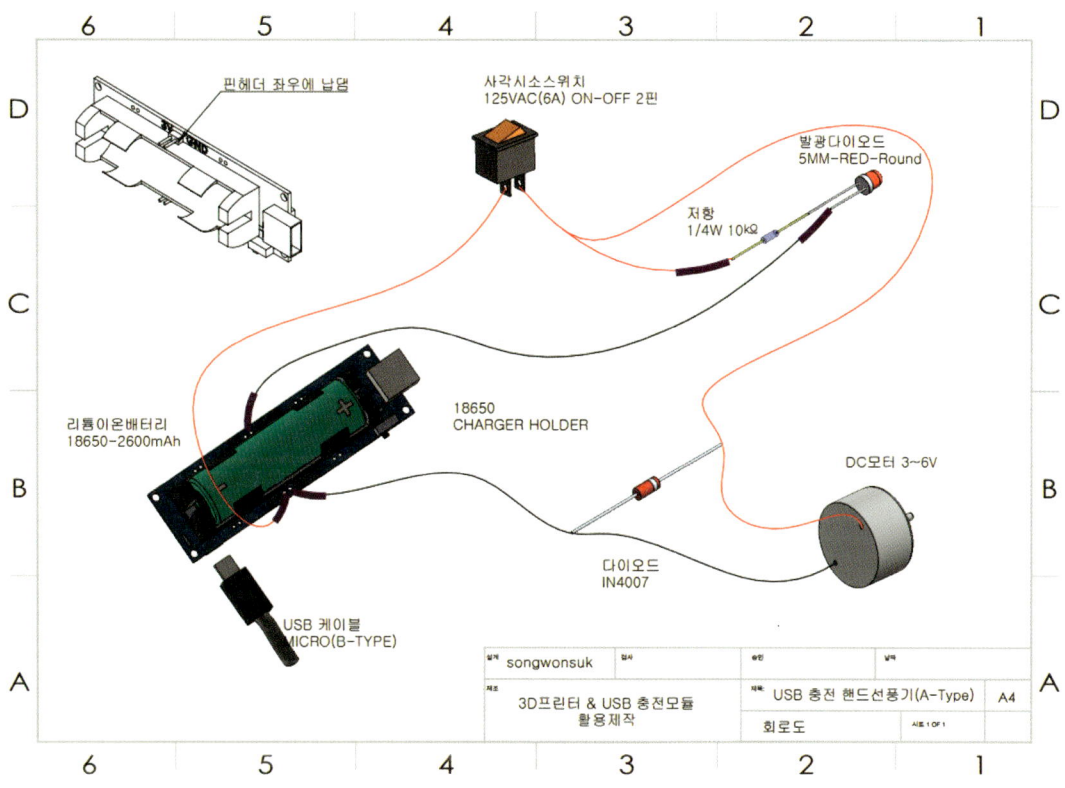

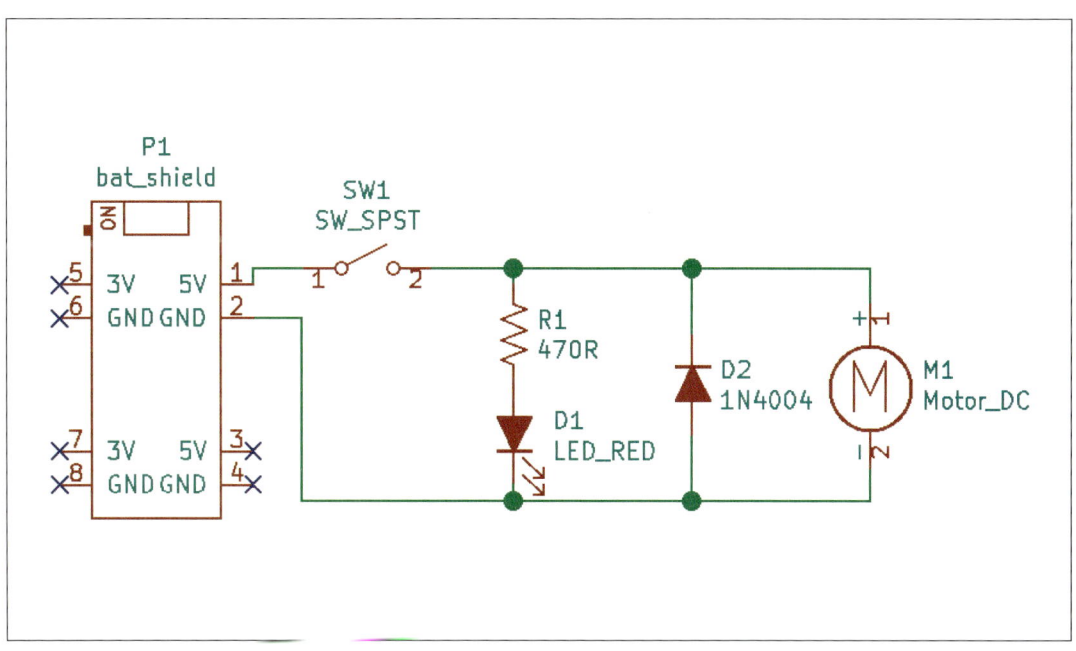

D. 설계 도면

1. 조립 등각도

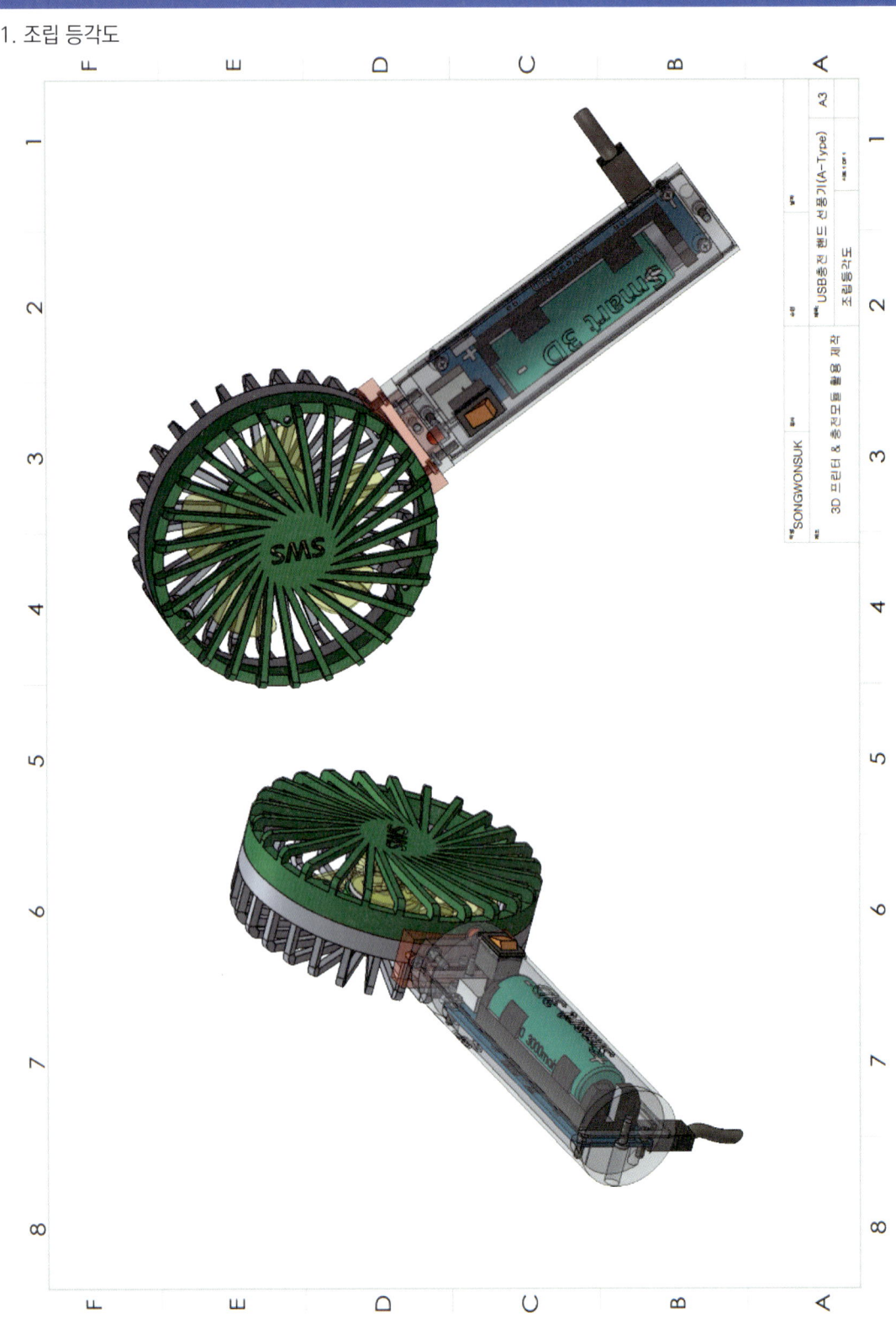

2. 분해도

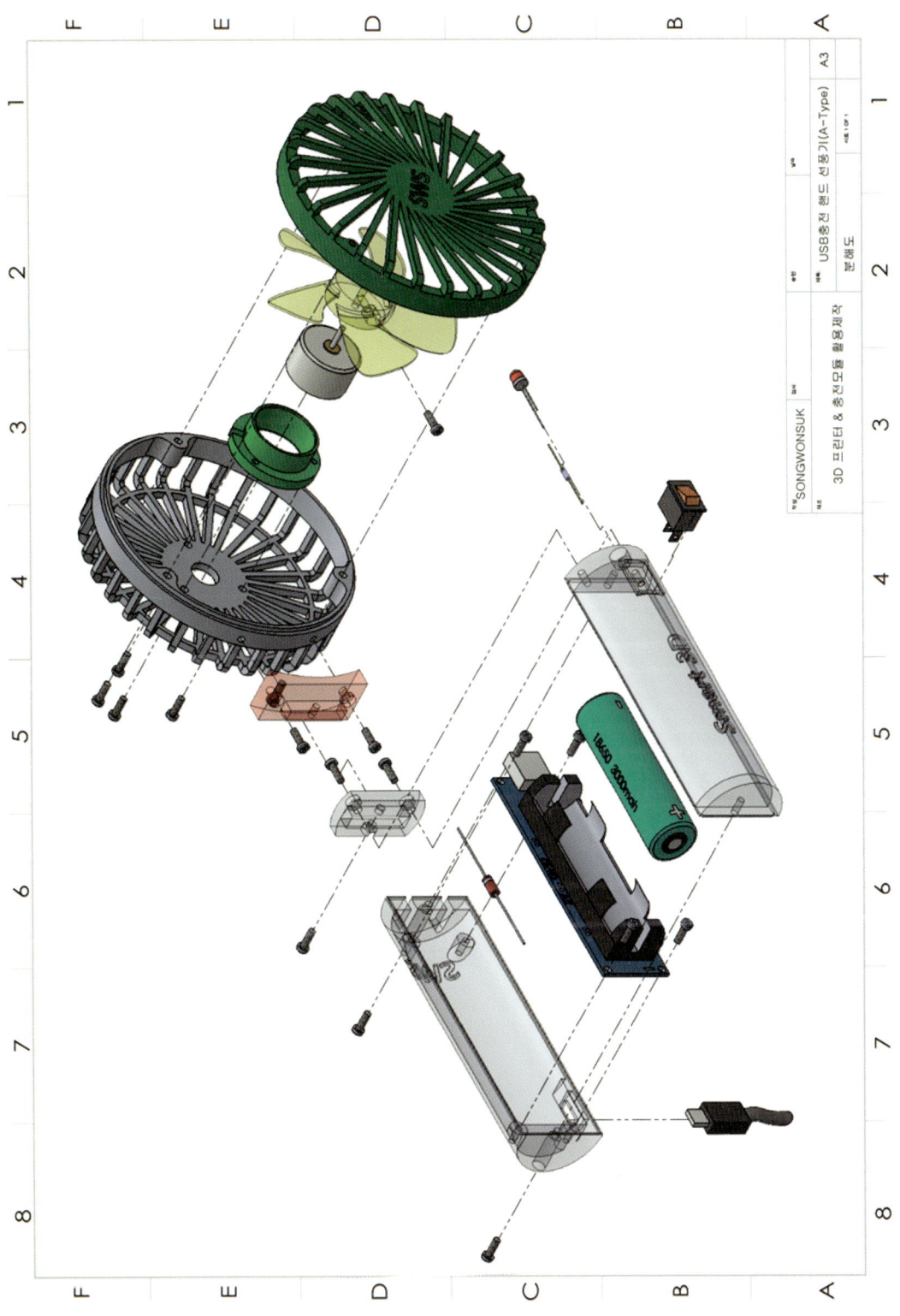

3. 조립도

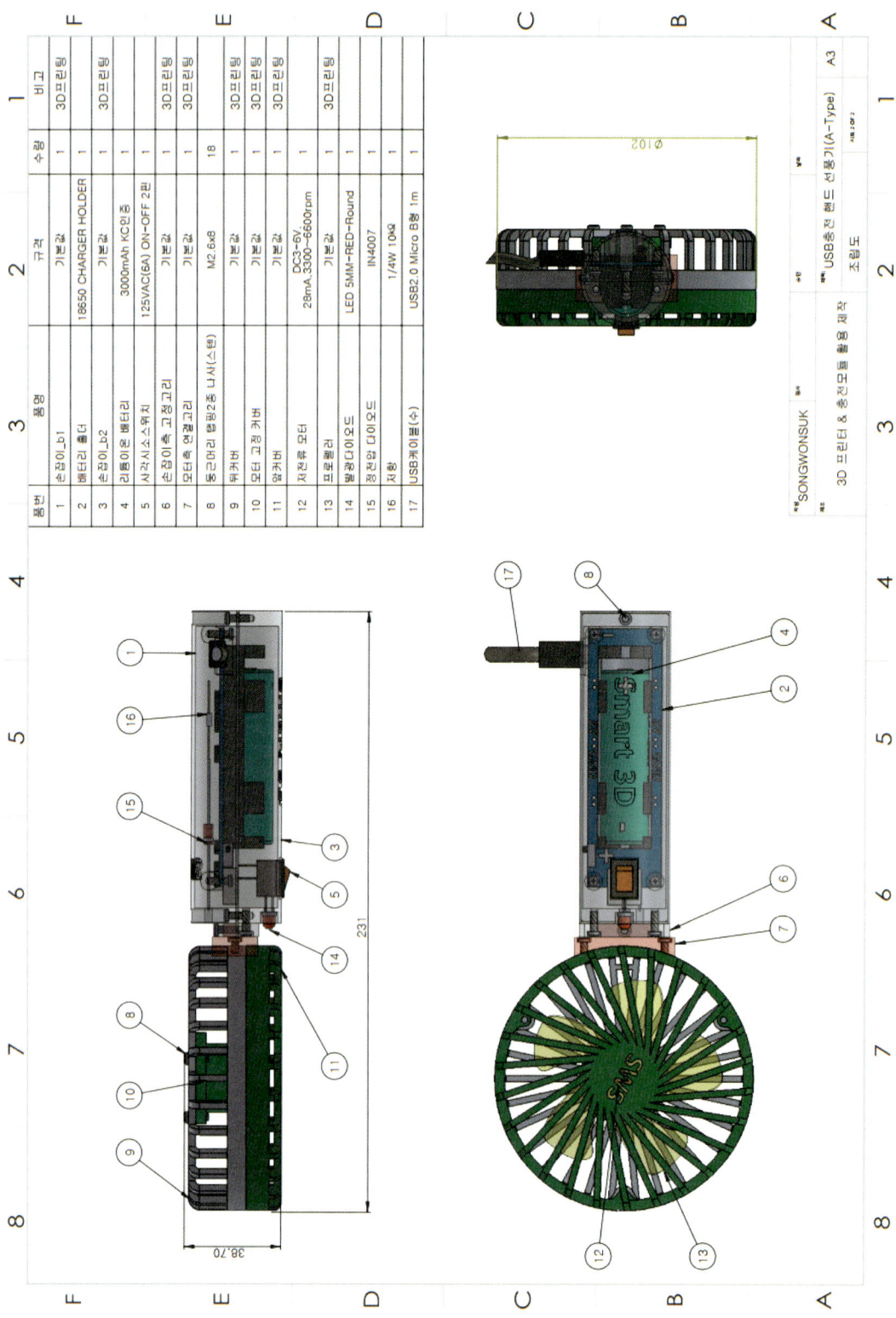

4. 부품도

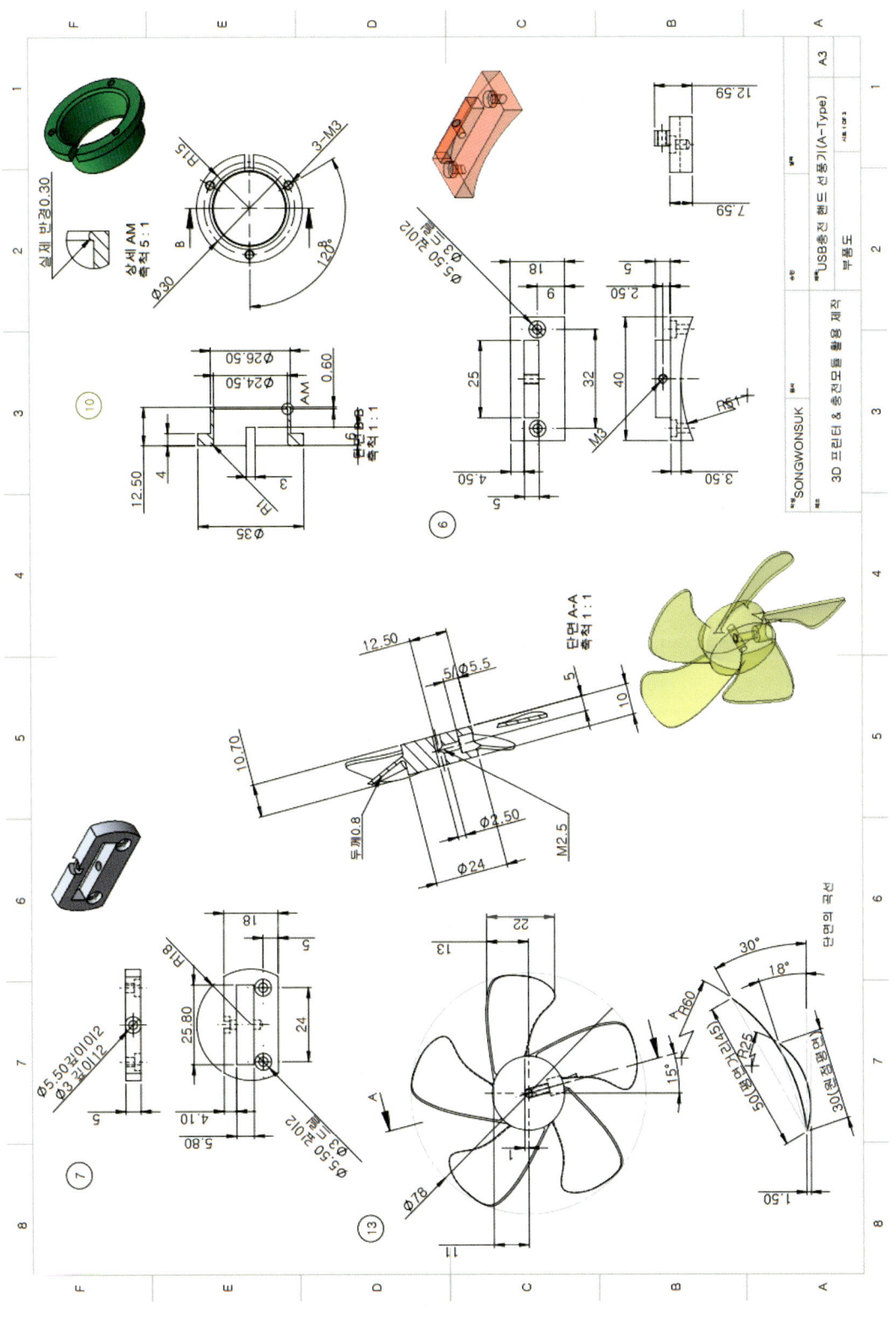

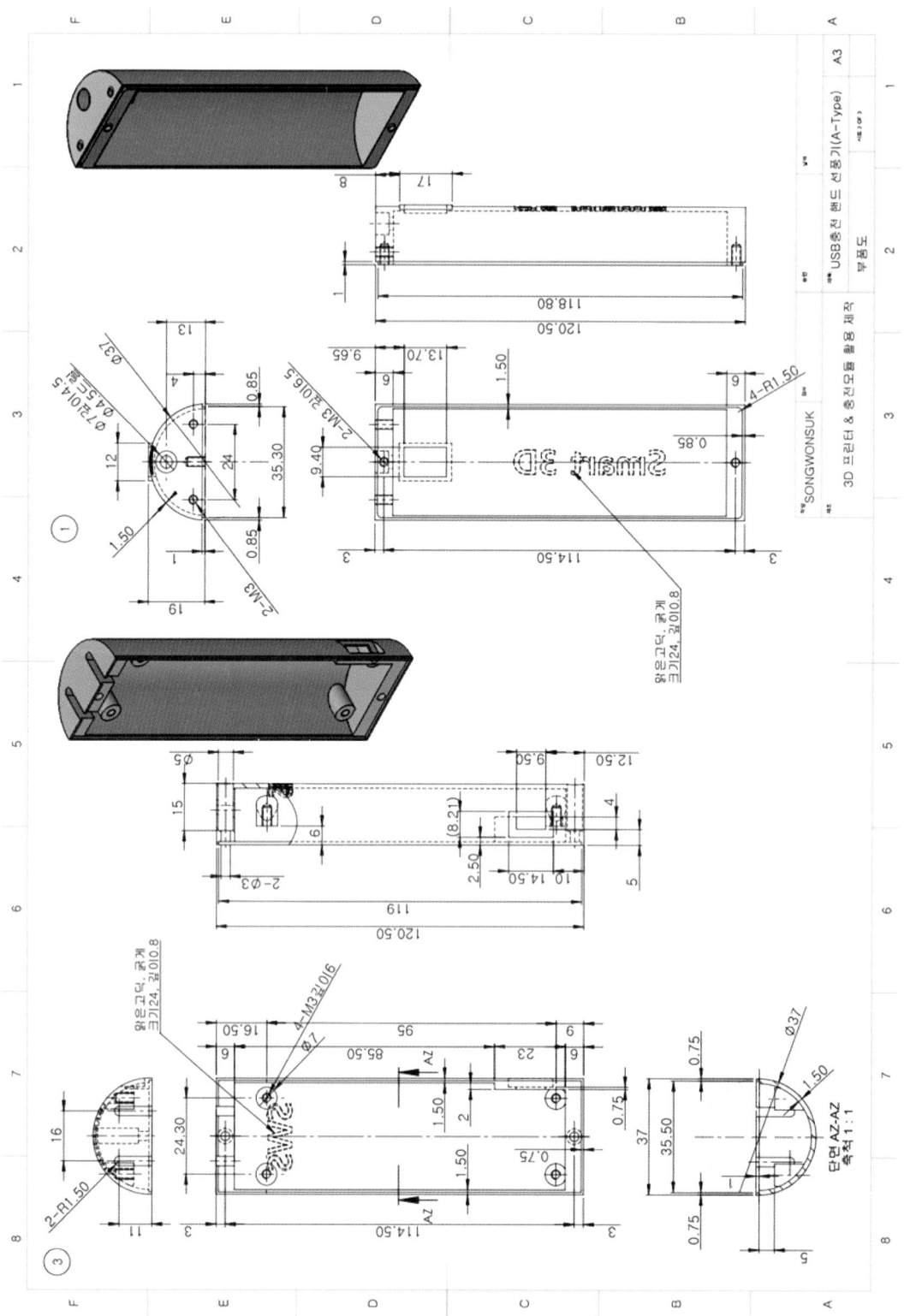

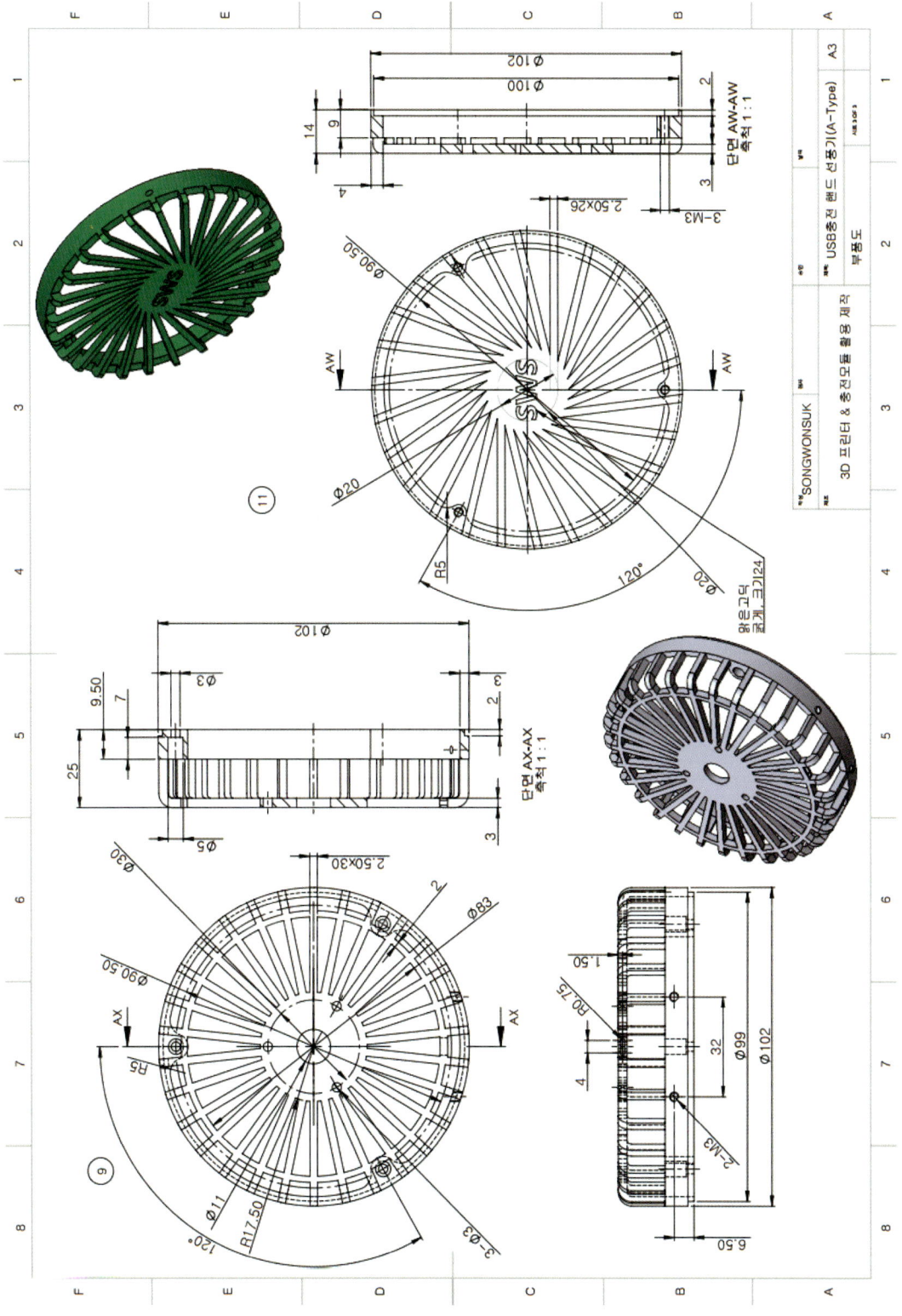

E. 3D모델링 및 3D프린팅

1. 부품

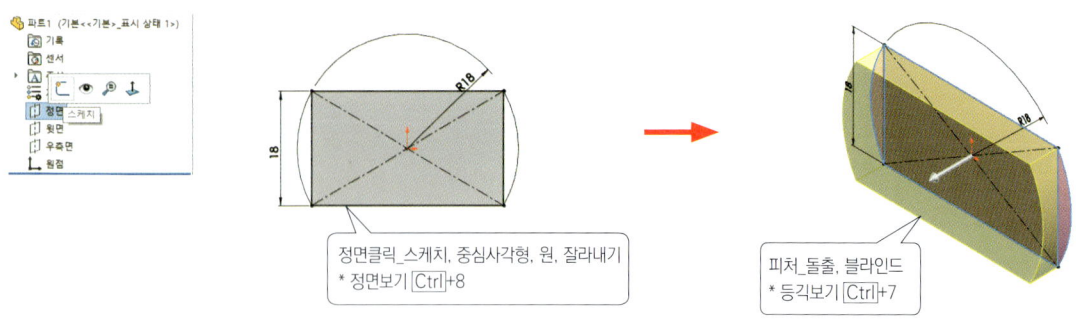

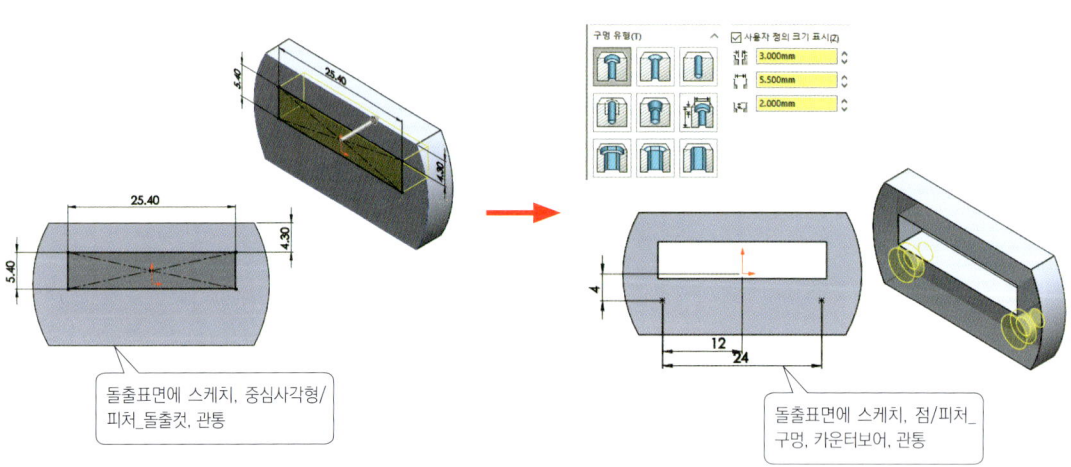

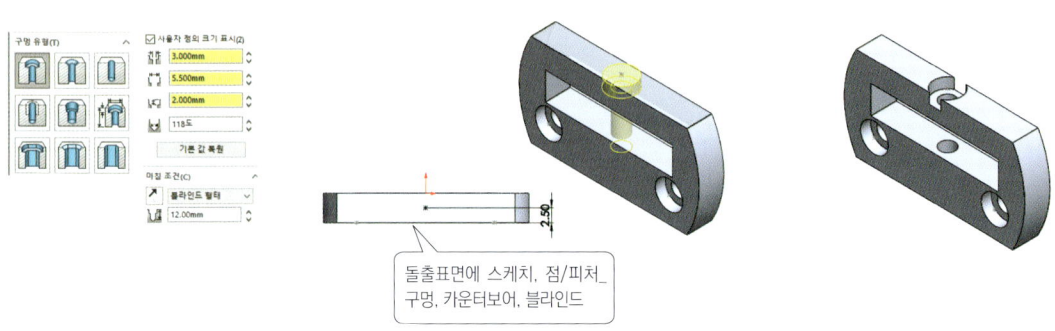

STL파일로 저장하기

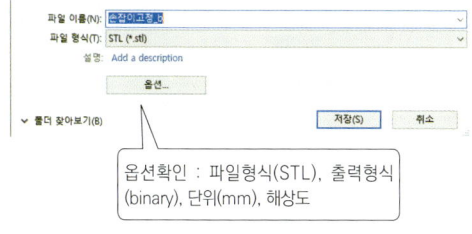

옵션확인 : 파일형식(STL), 출력형식 (binary), 단위(mm), 해상도

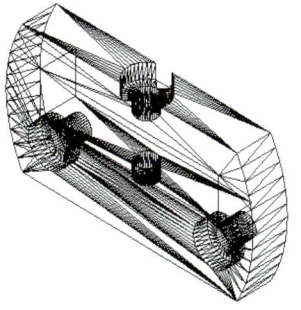

STL파일 슬라이싱 및 G-code 파일로 저장하기

[프린터 설정 : Cubicon Style Plus-A15]

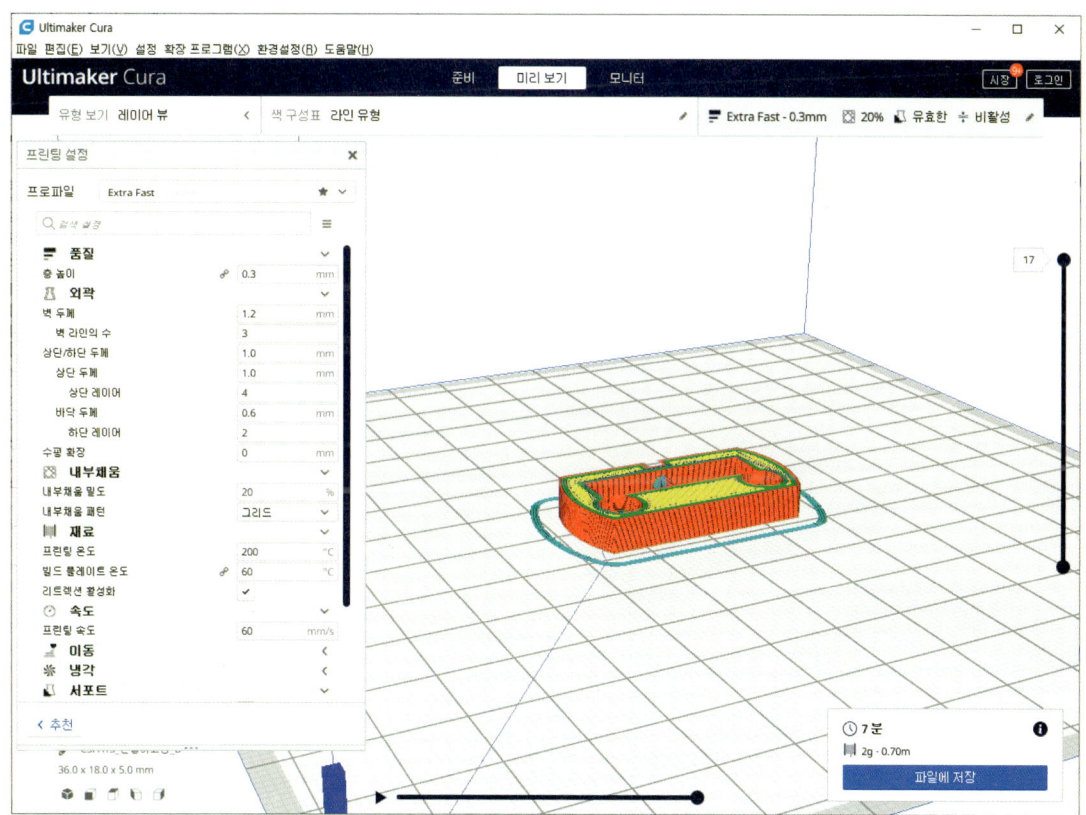

2. 부품

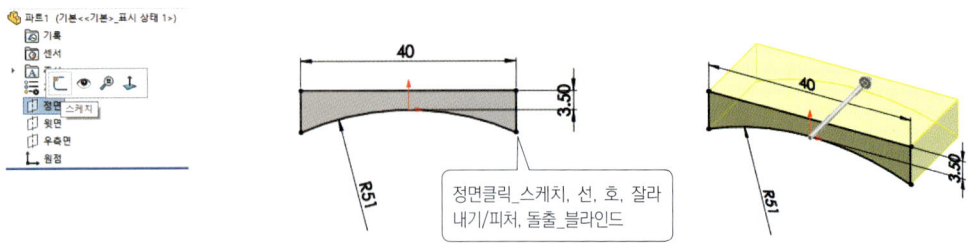

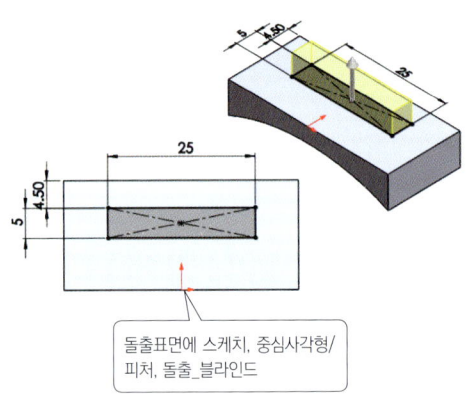

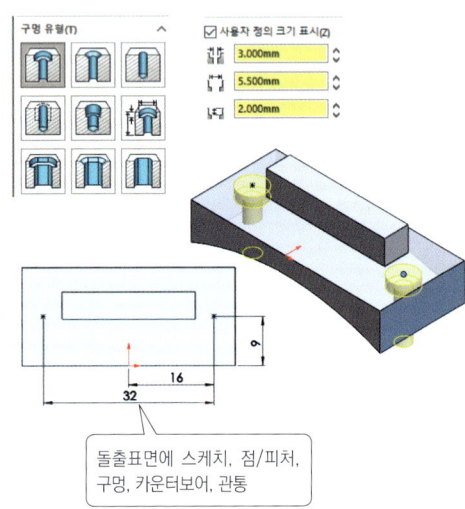

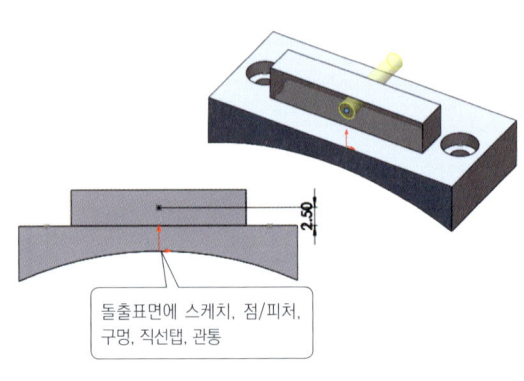

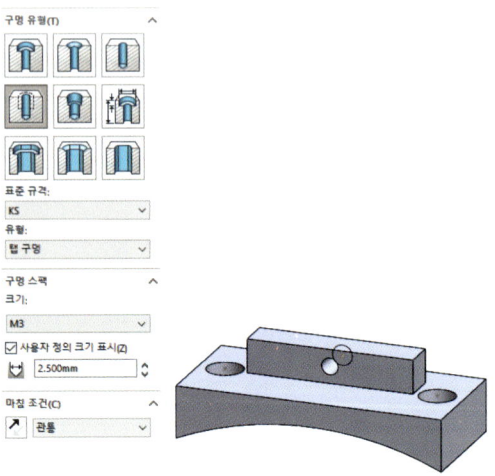

STL파일로 저장하기

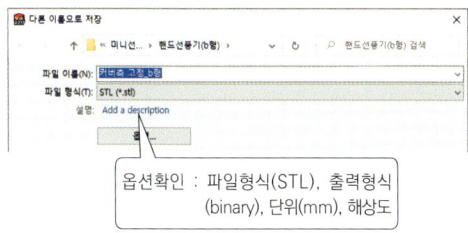

옵션확인 : 파일형식(STL), 출력형식
(binary), 단위(mm), 해상도

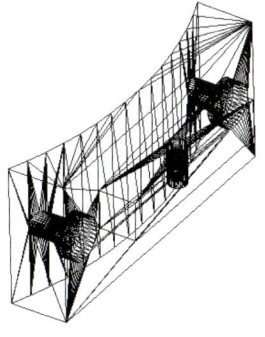

STL파일 슬라이싱 및 G-code 파일로 저장하기

[프린터 설정 : Cubicon Style Plus-A15]

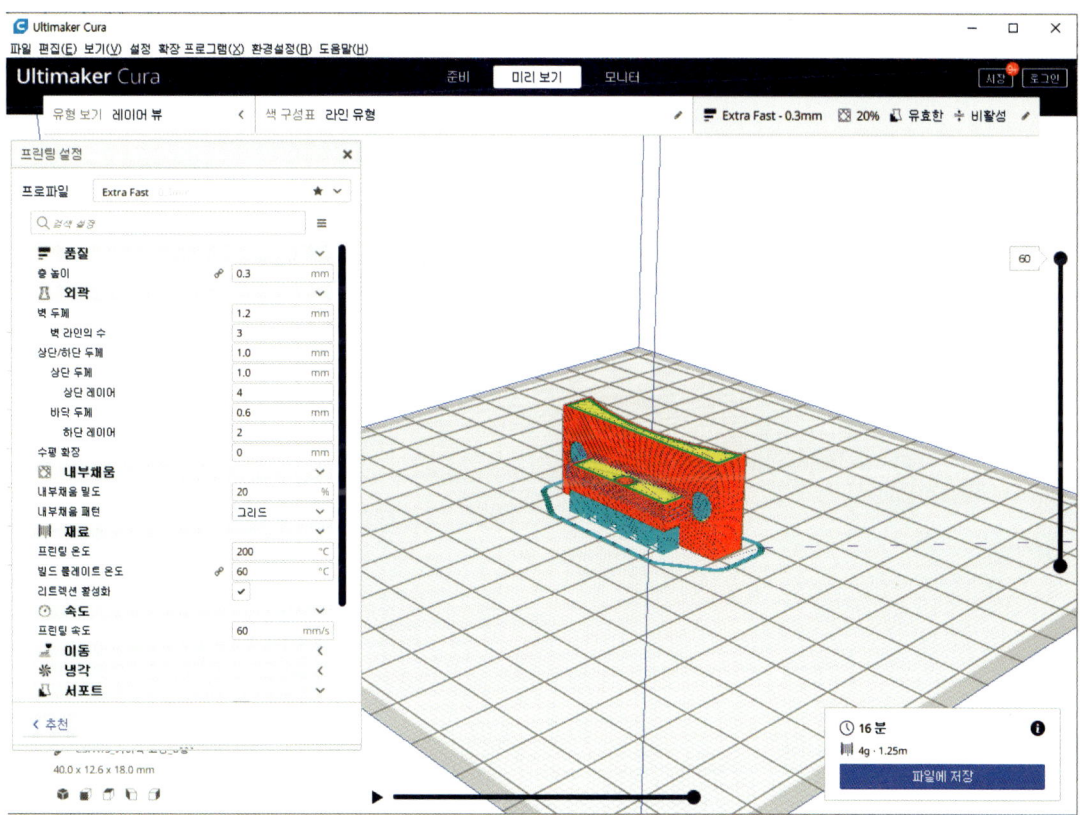

3. 부품

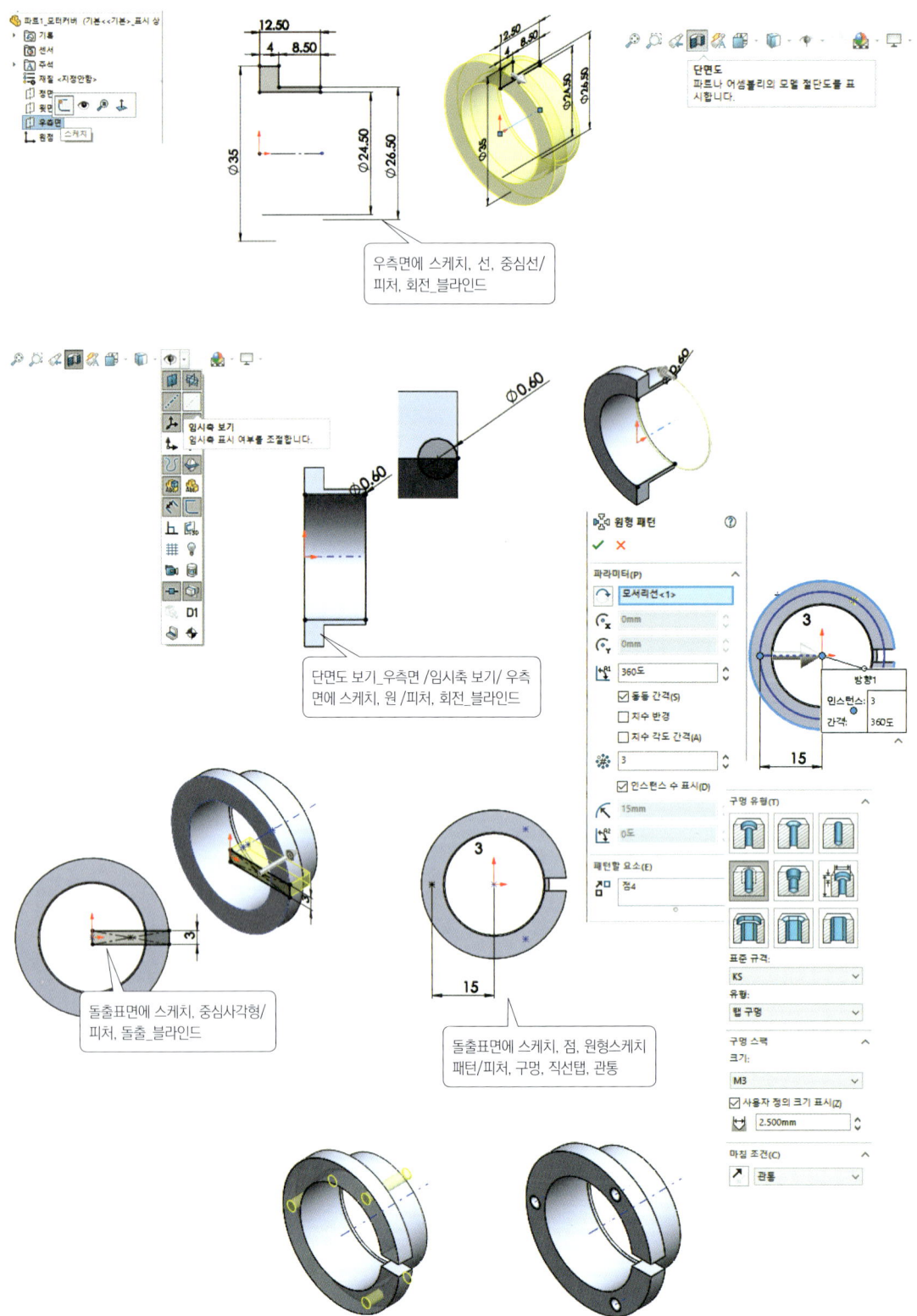

STL파일로 저장하기

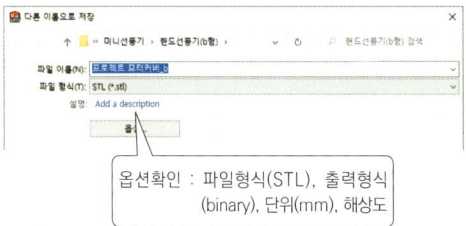

옵션확인 : 파일형식(STL), 출력형식 (binary), 단위(mm), 해상도

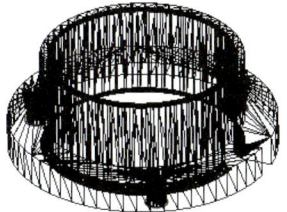

STL파일 슬라이싱 및 G-code 파일로 저장하기

[프린터 설정 : Cubicon Style Plus-A15]

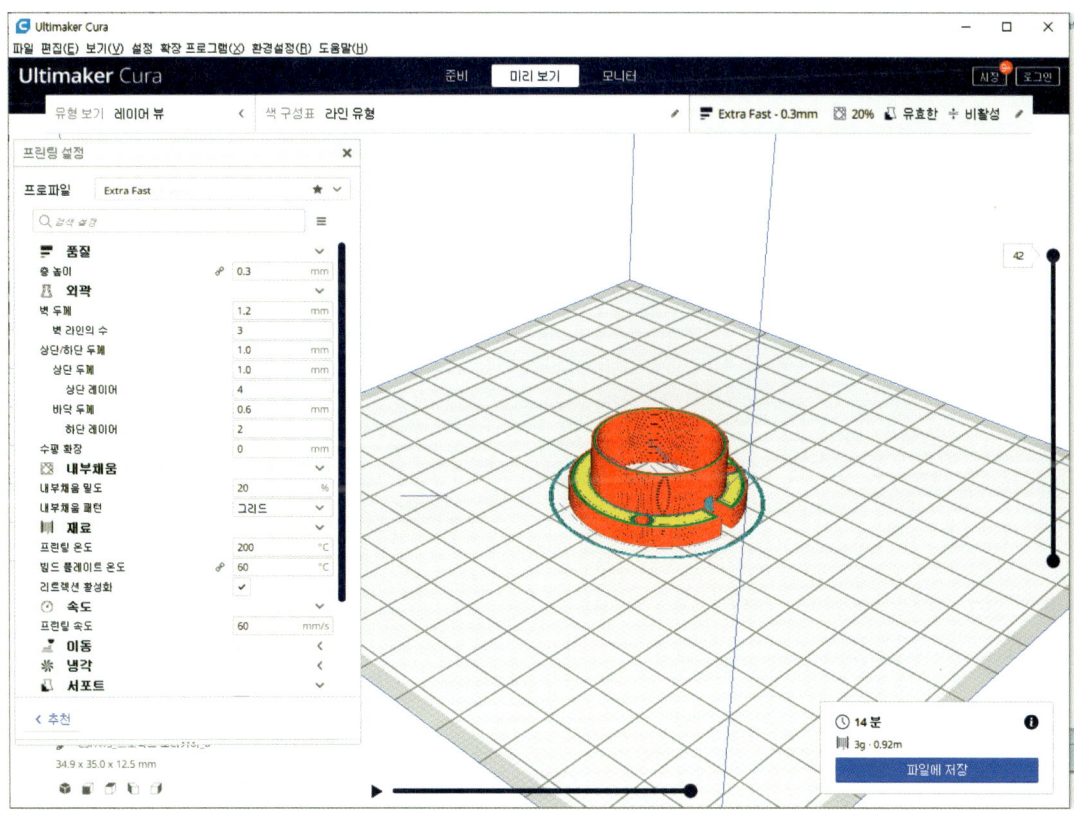

4. 부품

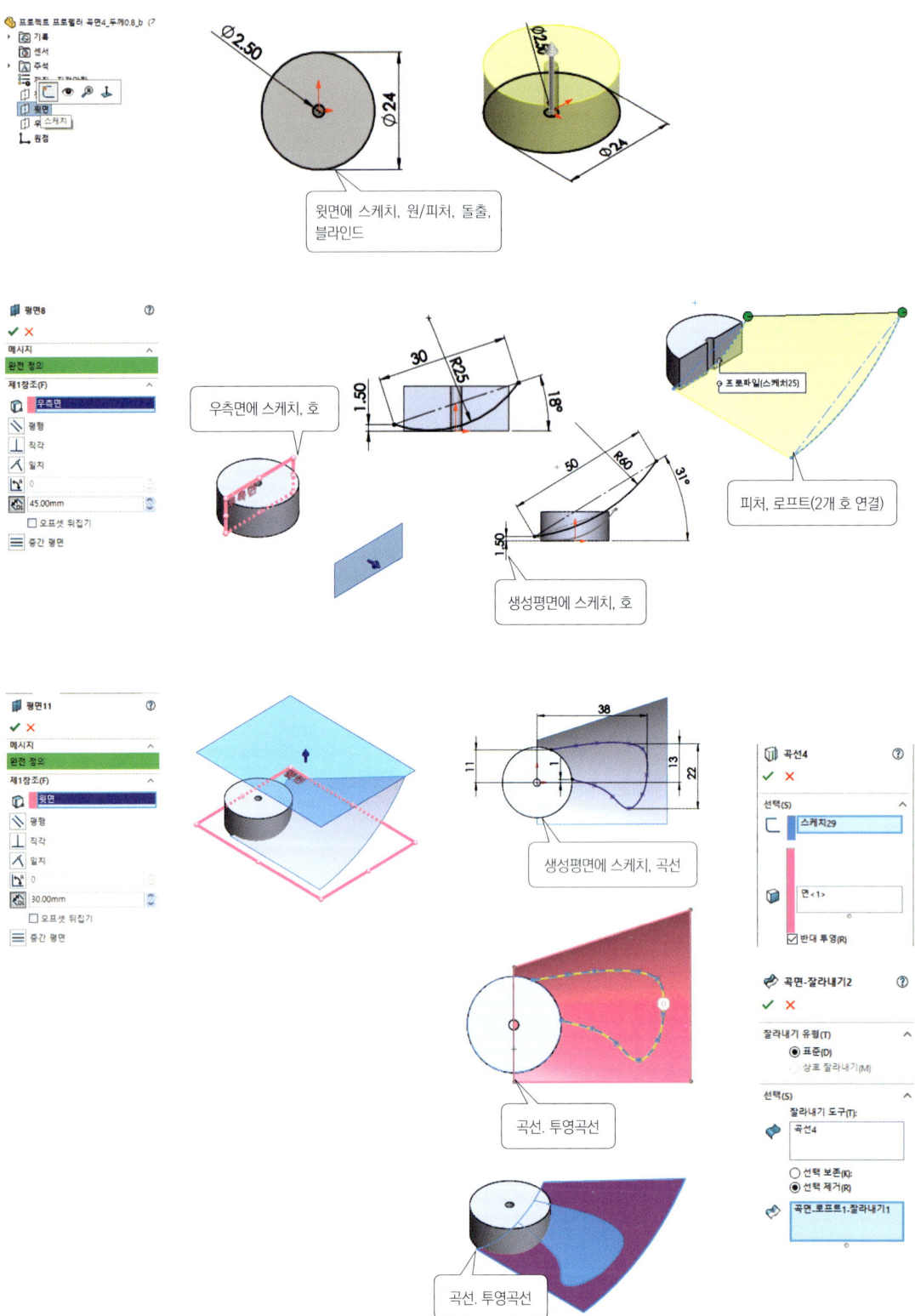

원형 패턴2
방향 1(D)
모서리선<1>
인스턴스 간격
동등 간격
360.00도
5
방향 2(D)
피처 및 면(F)
두껍게2
바디(B)
인스턴스 건너뛰기(I)
옵션(O)
기하 패턴(G)
시각 속성 연장(P)
전체 미리보기(F)
부분 미리보기(T)

보스/페이스, 두껍게

두껍게2
두께 변수(T)
곡면-잘라내기2
두께:
1.00mm
바디 합치기(R)

방향1
간격: 360도
인스턴스: 5
피처, 원형패턴, 동등간격

반경: 1mm
피처, 필렛(위 아래 양쪽)

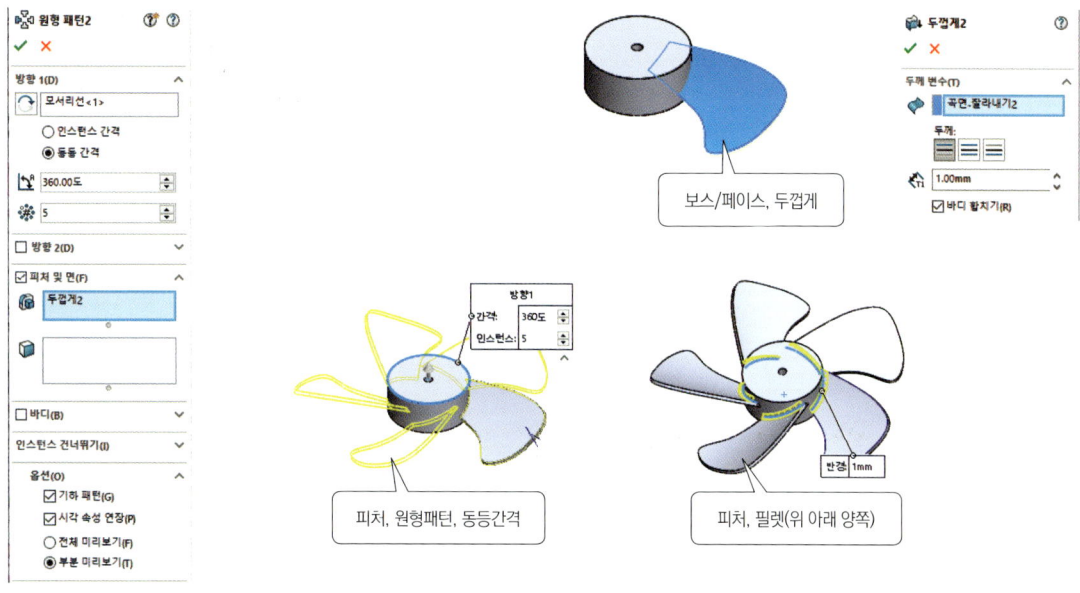

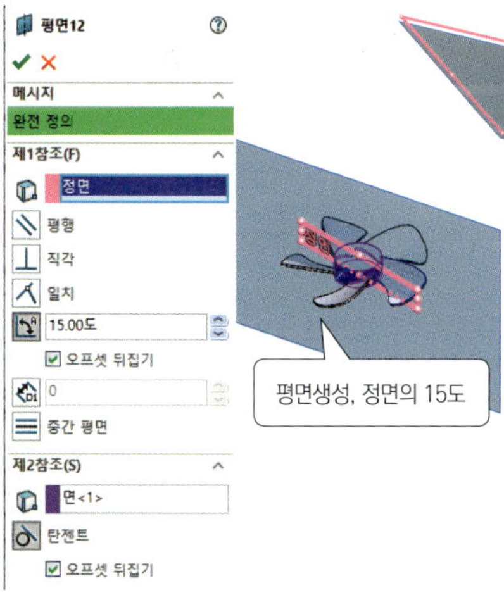
평면12
메시지
완전 정의
제1참조(F)
정면
평행
직각
일치
15.00도
오프셋 뒤집기
0
중간 평면
제2참조(S)
면<1>
탄젠트
오프셋 뒤집기
평면생성, 정면의 15도

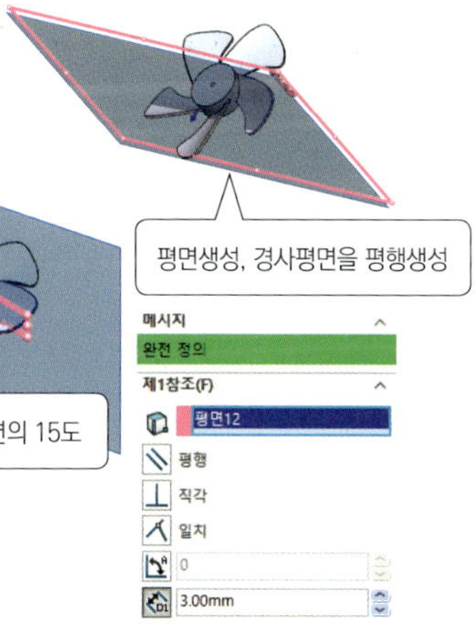
평면생성, 경사평면을 평행생성
메시지
완전 정의
제1참조(F)
평면12
평행
직각
일치
0
3.00mm

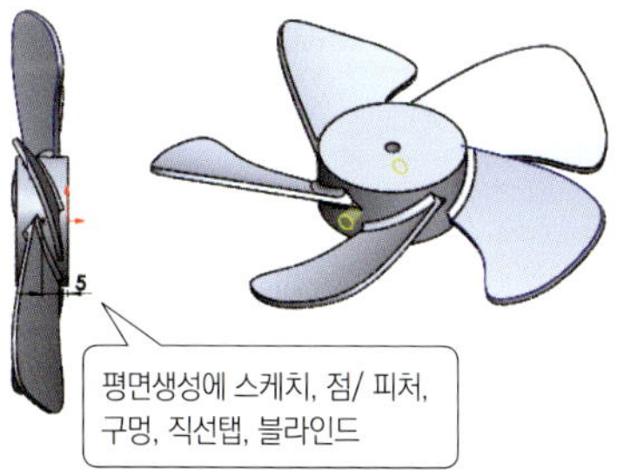
5
평면생성에 스케치, 점/ 피처,
구멍, 직선탭, 블라인드

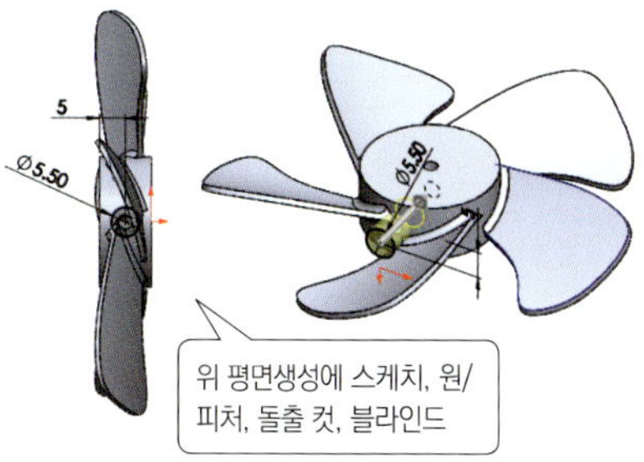
5
Ø5.50
Ø5.50
위 평면생성에 스케치, 원/
피처, 돌출 컷, 블라인드

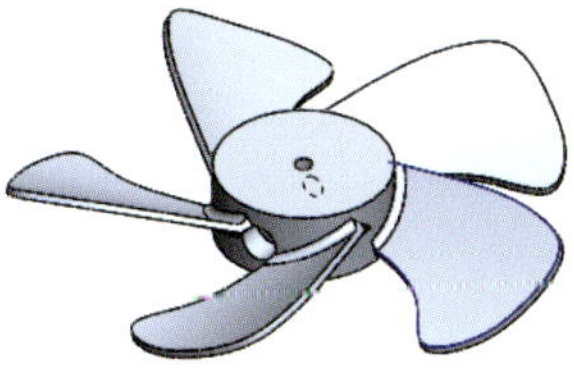

STL파일로 저장하기

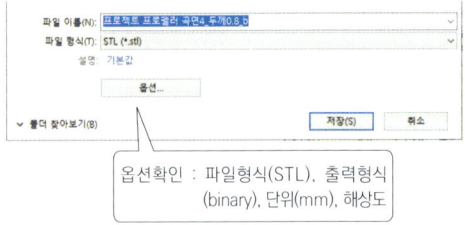

옵션확인 : 파일형식(STL), 출력형식
(binary), 단위(mm), 해상도

STL파일 슬라이싱 및 G-code 파일로 저장하기

[프린터 설정 : Cubicon Style Plus-A15]

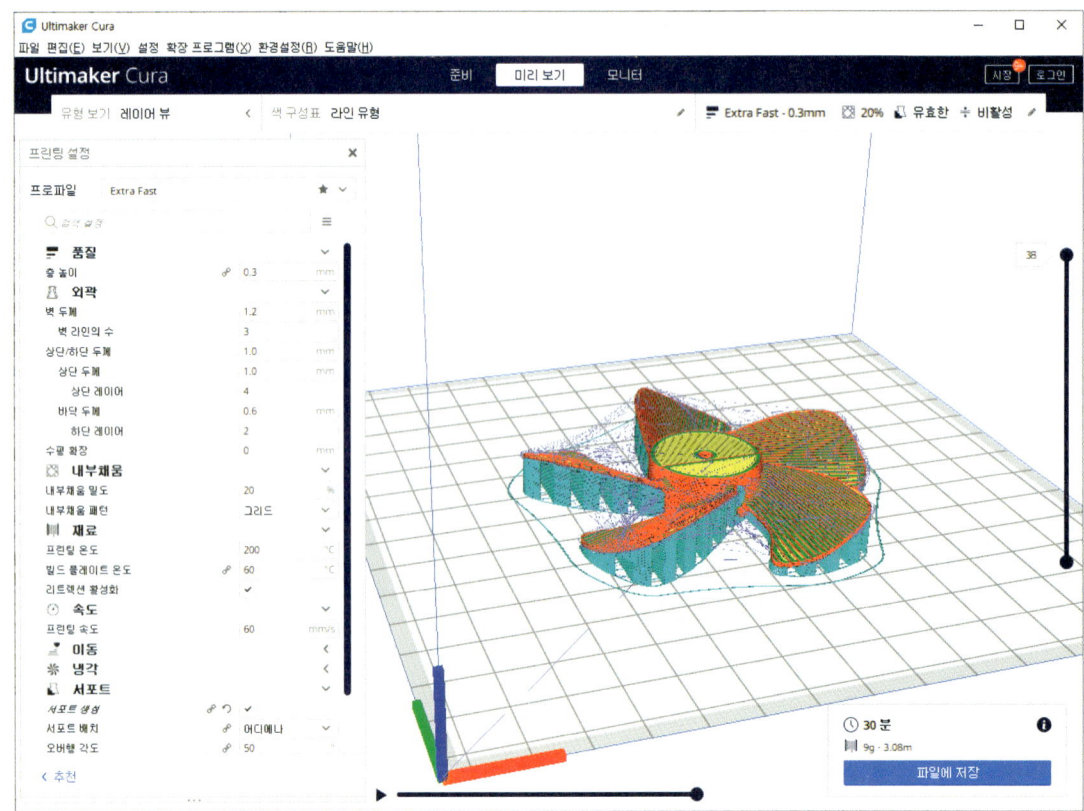

5. 부품

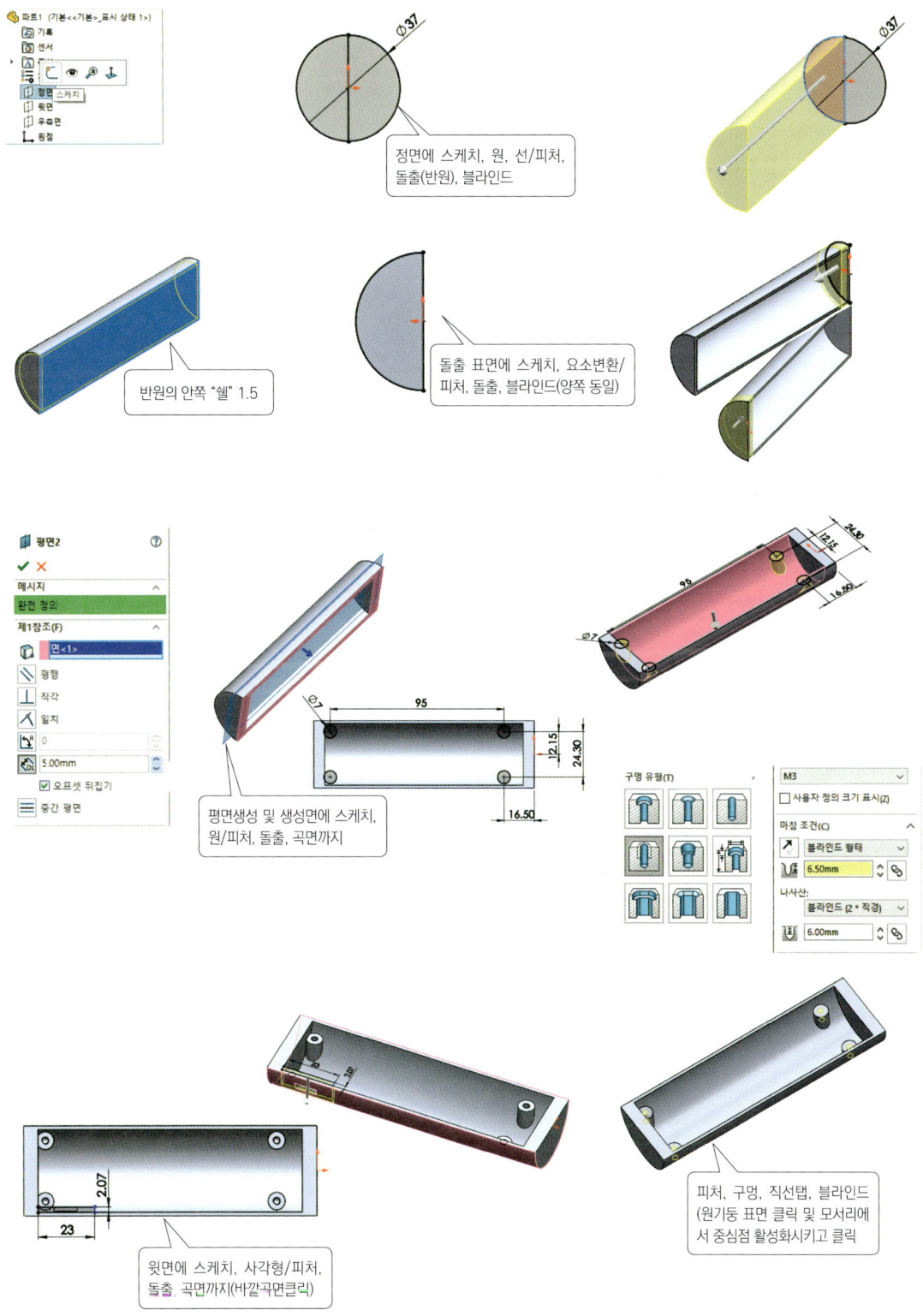

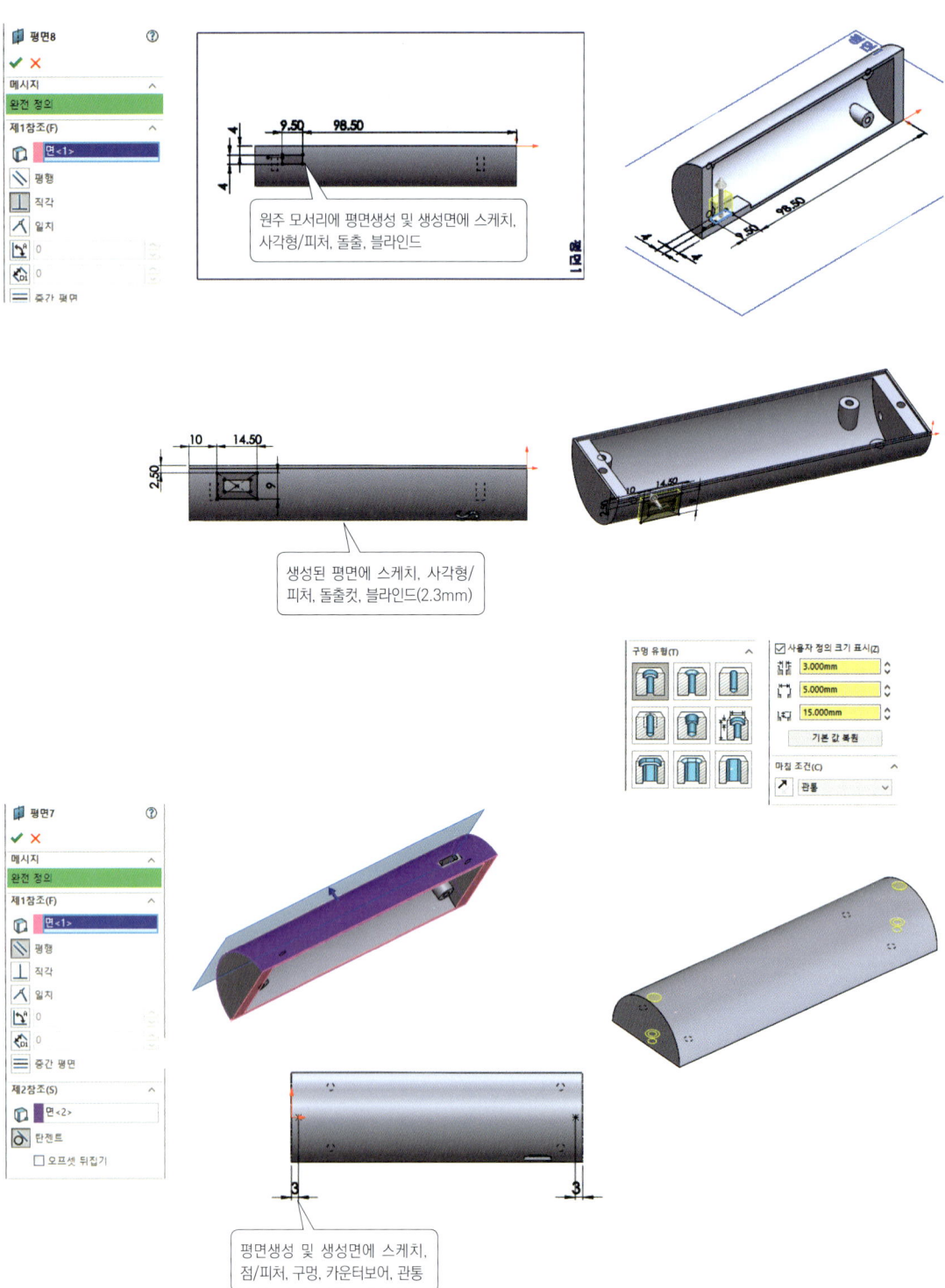

STL파일로 저장하기

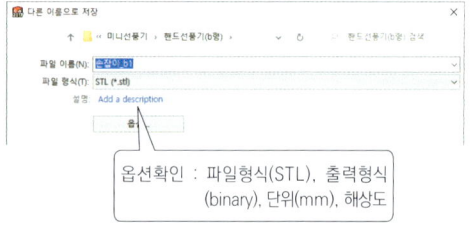

옵션확인 : 파일형식(STL), 출력형식 (binary), 단위(mm), 해상도

STL파일 슬라이싱 및 G-code 파일로 저장하기

[프린터 설정 : Cubicon Style Plus-A15]

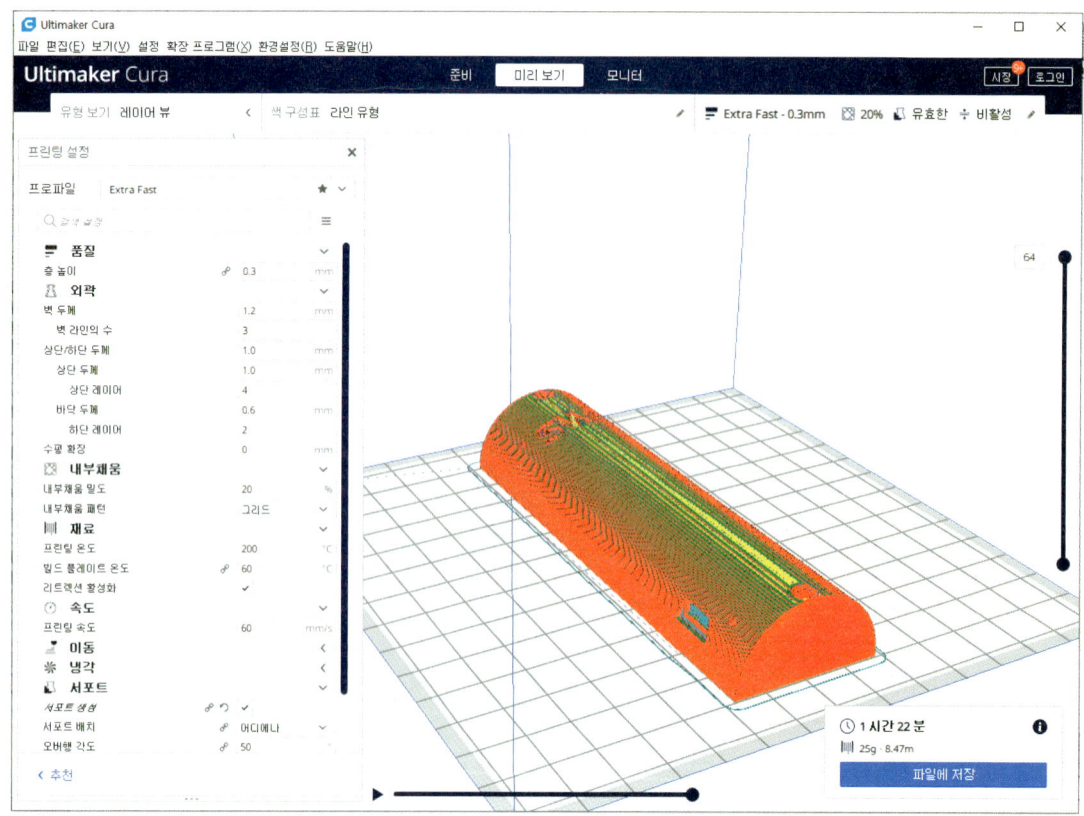

6. 부품

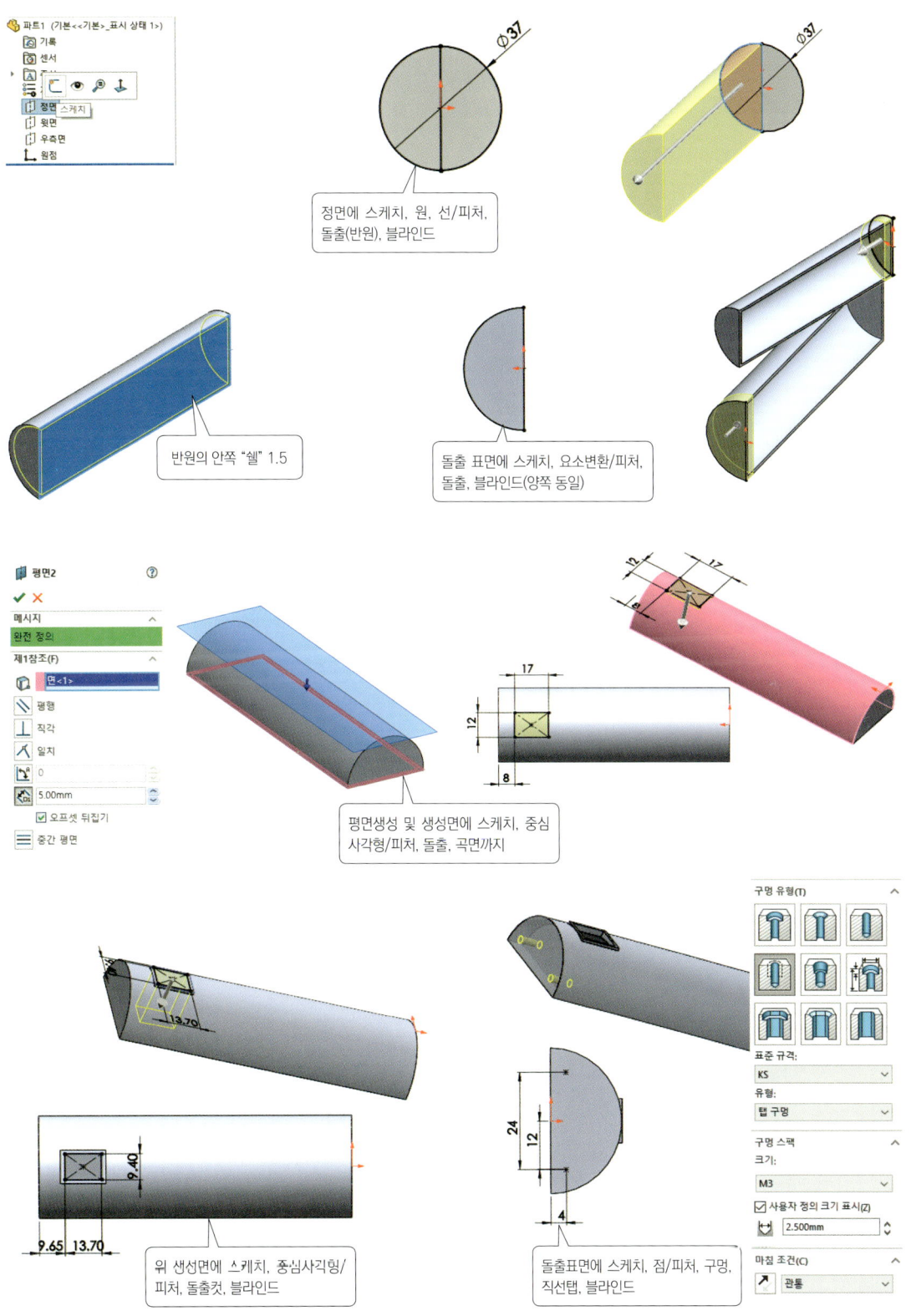

STL파일로 저장하기

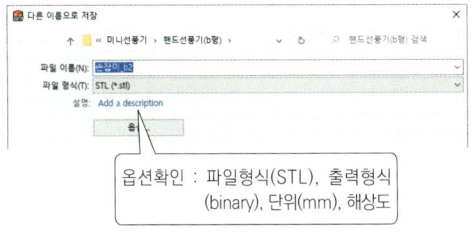

옵션확인 : 파일형식(STL), 출력형식 (binary), 단위(mm), 해상도

STL파일 슬라이싱 및 G-code 파일로 저장하기

[프린터 설정 : Cubicon Style Plus-A15]

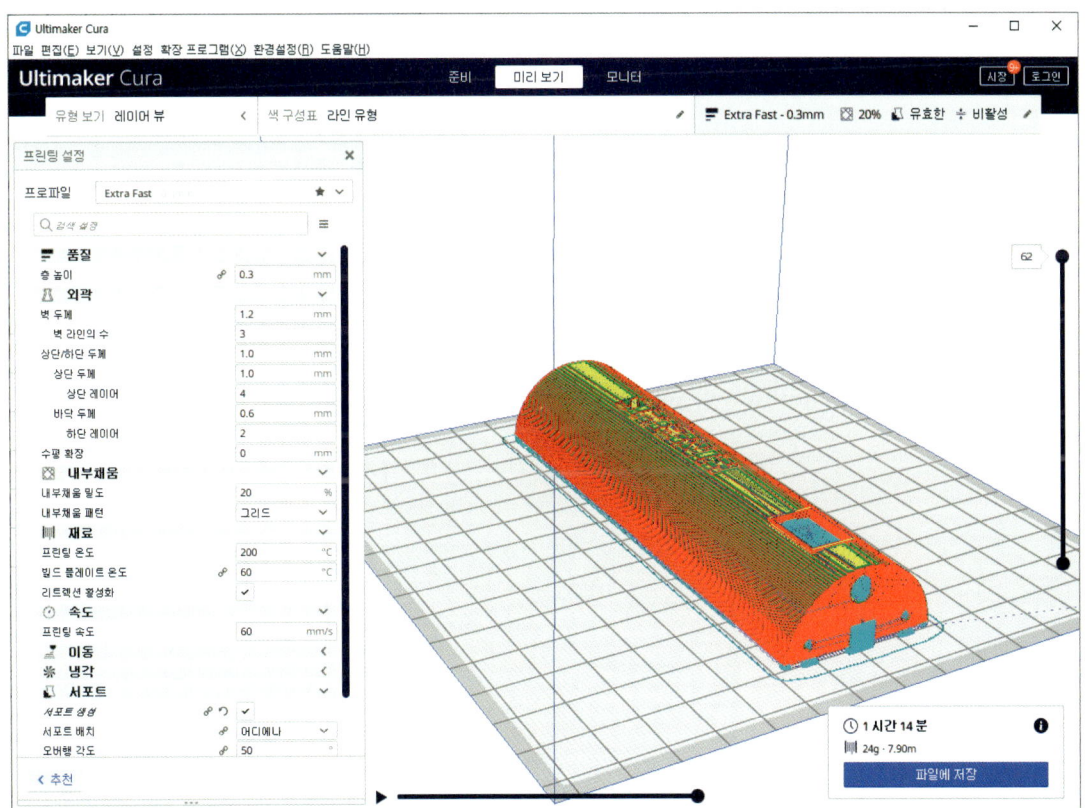

7. 부품, [참조] Ⅰ. 스탠드 선풍기 커버와 같은 방법으로 모델링

[프린터 설정 : Cubicon Style Plus-A15]

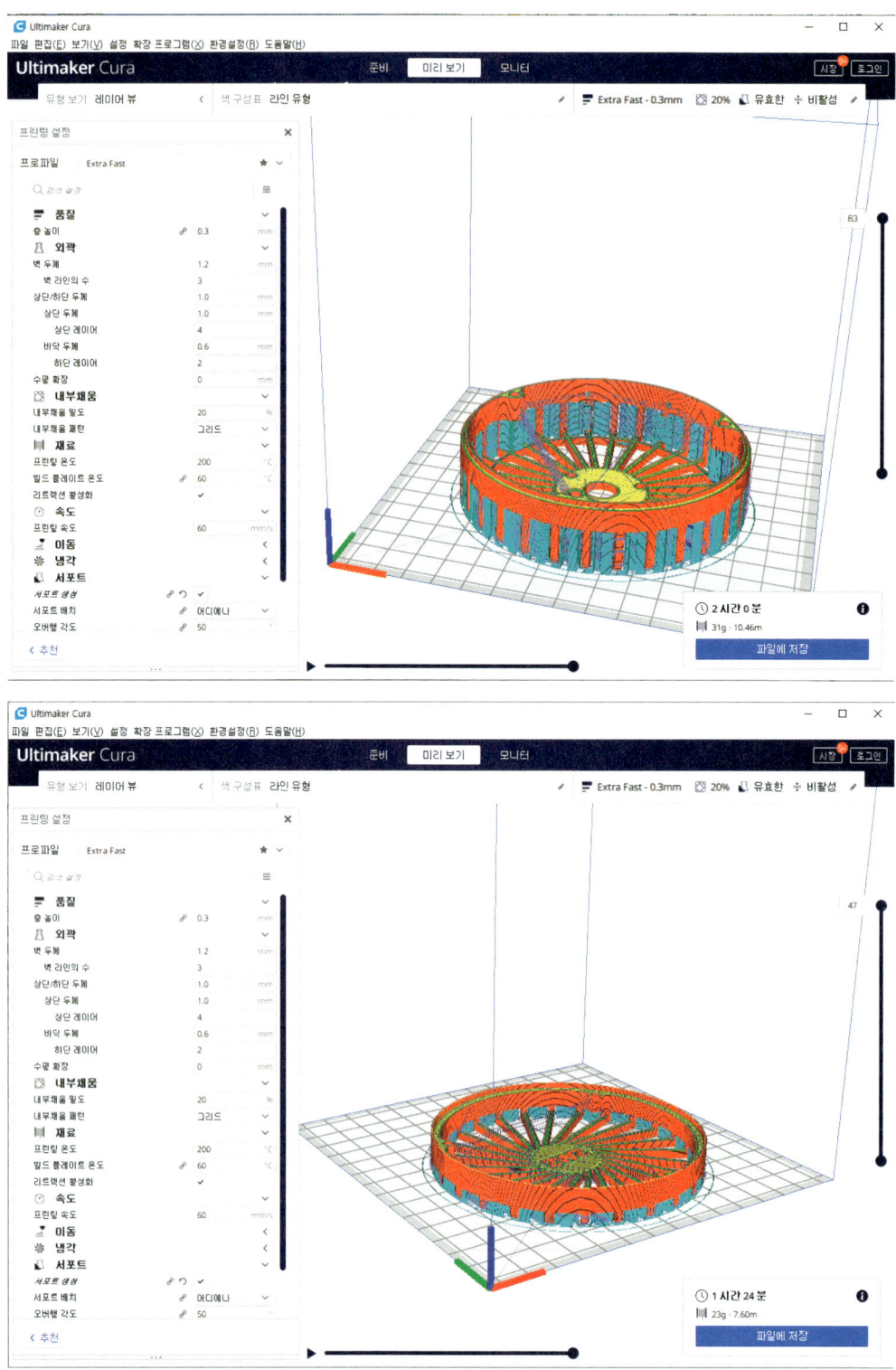

■ B-Type

A. 조립품 및 각 부품

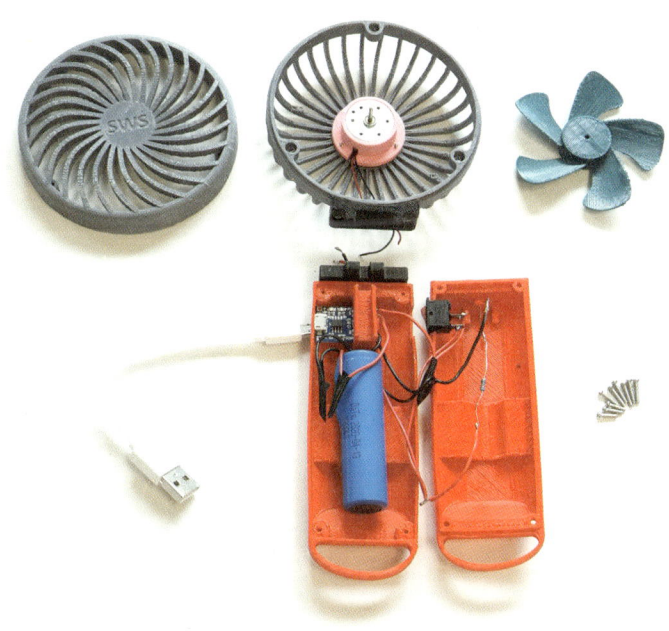

B. 재료목록

[표 4] B-Type USB충전 핸드 선풍기 재료

	품명	규격	수량	예상단가(원)	비고
1	저전류모터	DC3-6V/28mA,3300~6600rpm	1	580	www.auction.co.kr/ 상품번호 : B554884768
2	사각시소스위치	125VAC(6A) ON-OFF 2핀	1	300	www.ic114.com 제품 ID : P0075214
3	USB 케이블	USB-MICRO(B-TYPE)	1	300	www.ic114.com 제품 ID : P1040703
4	리튬이온 배터리	18650-2600mAh	1	3,300	www.ic114.com 제품 ID : P0088425
5	둥근머리탭핑2종 나사	(스텐), M2.0x8	11	48	www.boltmall2.com
6	둥근머리탭핑2종 나사	(스텐), M2.6x8	3	48	www.boltmall2.com
7	18650배터리보호회로 USB충전모듈	3A 2.5VDC 1S(마이크로 5핀)	1	700	www.ic114.com 제품 ID : P0084217
8	발광다이오드	LED5MM-RED-Round	1	30	www.ic114.com 제품 ID : P0081253
9	저항	1/4W470R	2	20	www.ic114.com 제품 ID : P0039374
10	정전압 다이오드	IN4007 30A	1	55	www.ic114.com 제품 ID : P0028977
11	컬러플래트케이블	40PIN COLOR 1.27MM	1	3,500	www.ic114.com 제품 ID : P0031792
12	열수축 튜브	φ2.0x1M	1	250	www.ic114.com 제품 ID : P0032189
13	필라멘트	PLA, □1.75_1KG	3인1롤	-	학교보유기종구입
	계			7,727	

C. 회로도

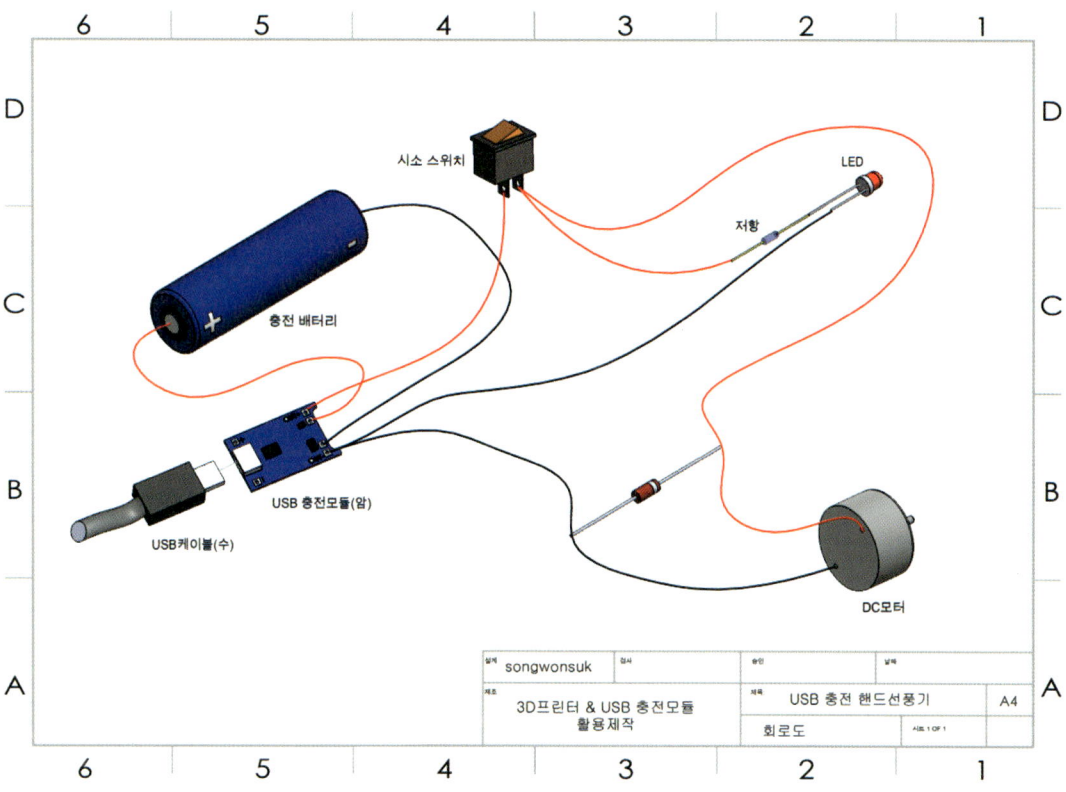

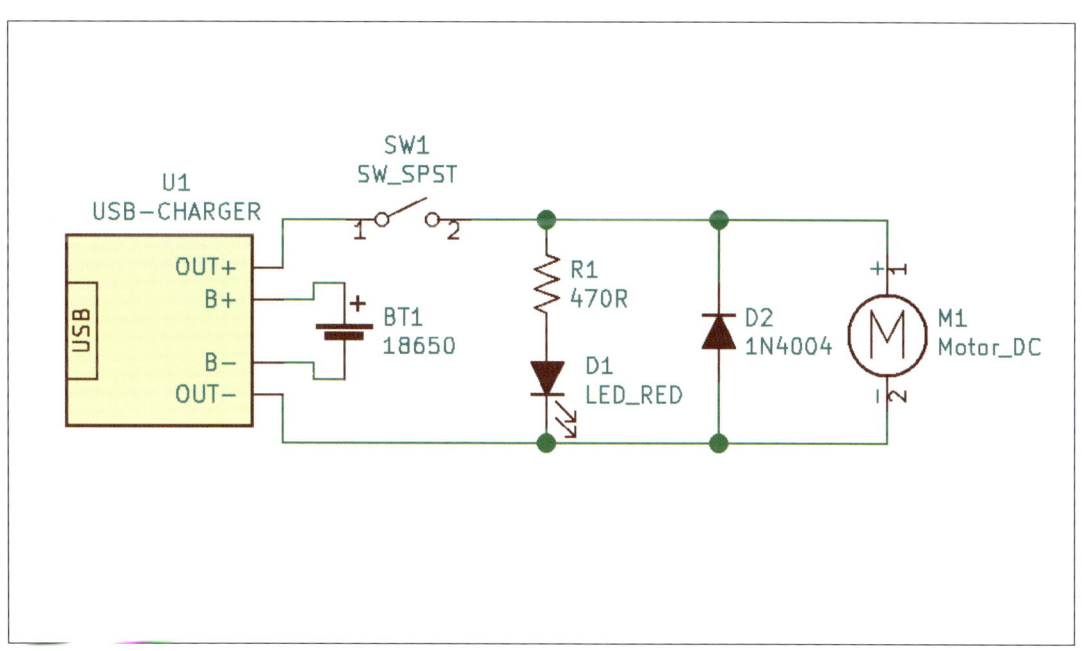

D. 설계 도면

1. 조립 등각도

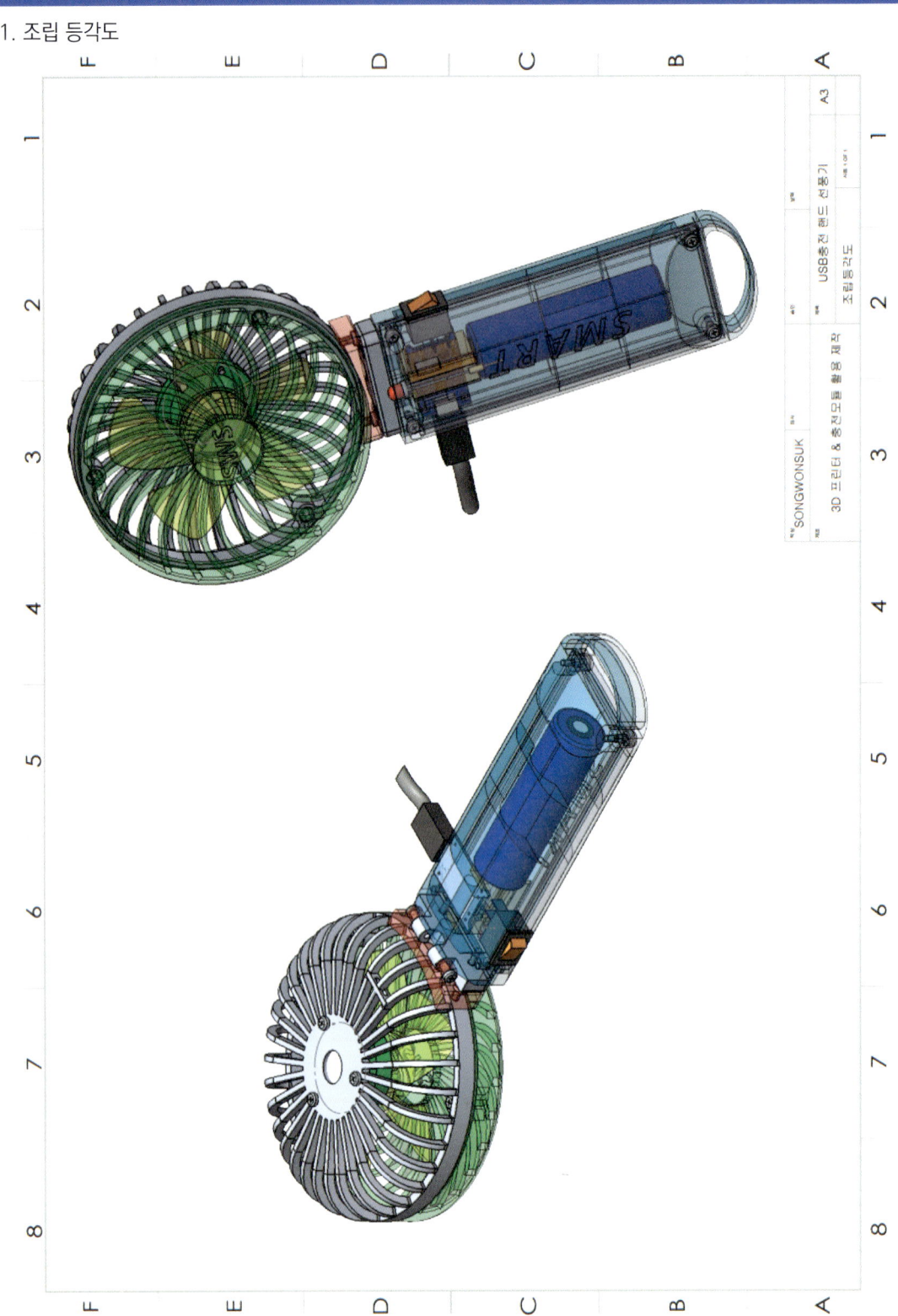

2. 분해도

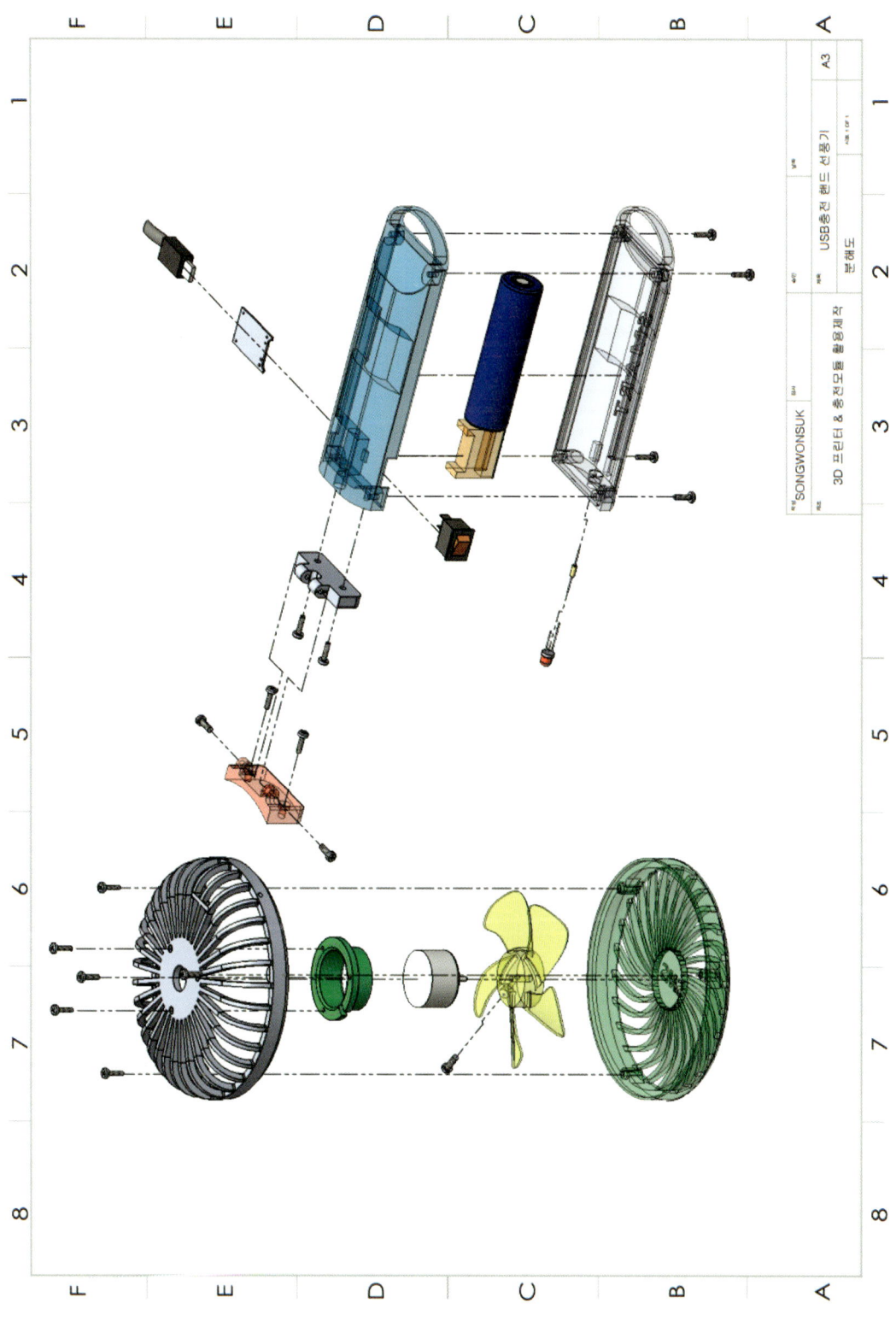

3. 조립도

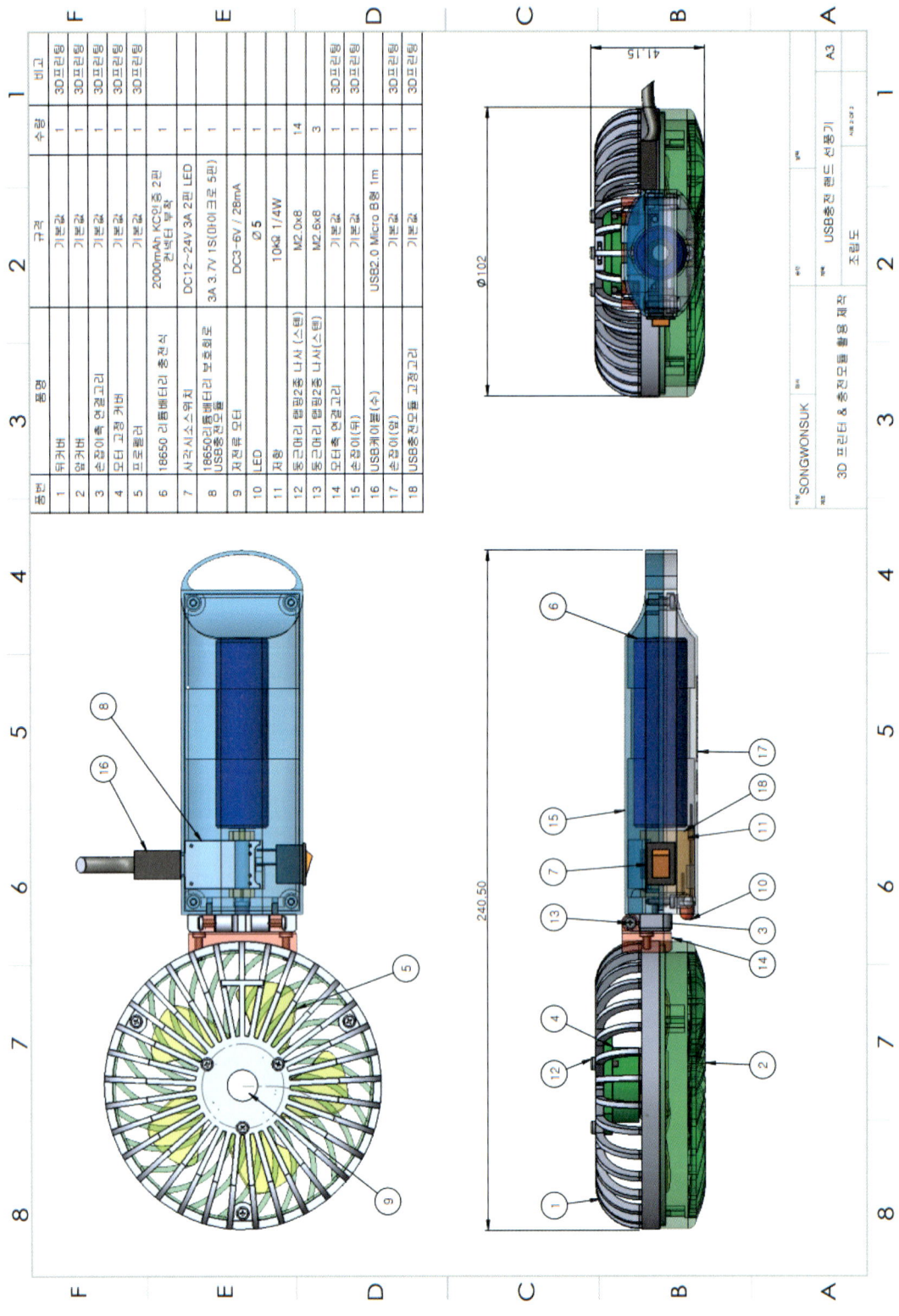

4. 부품도

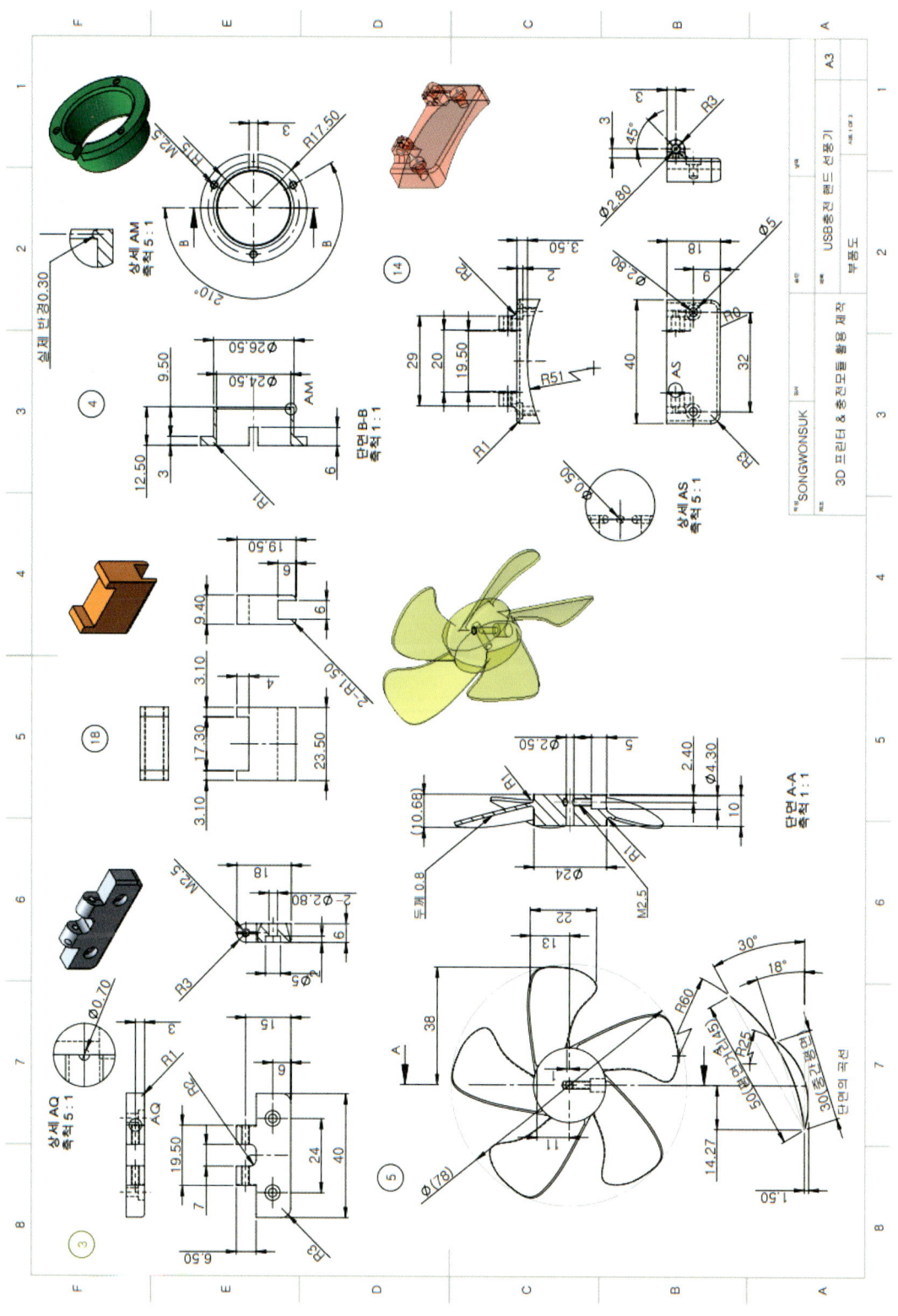

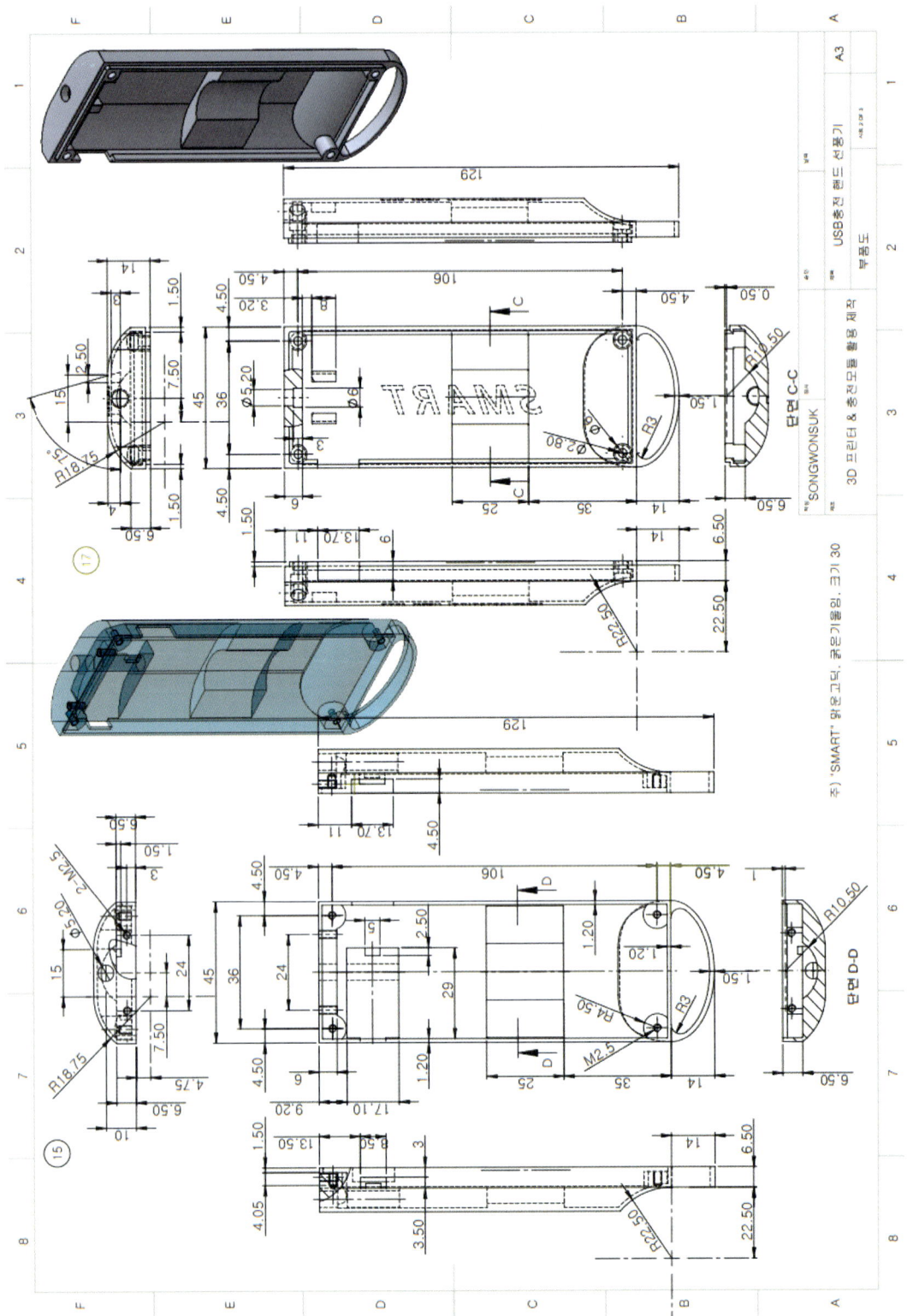

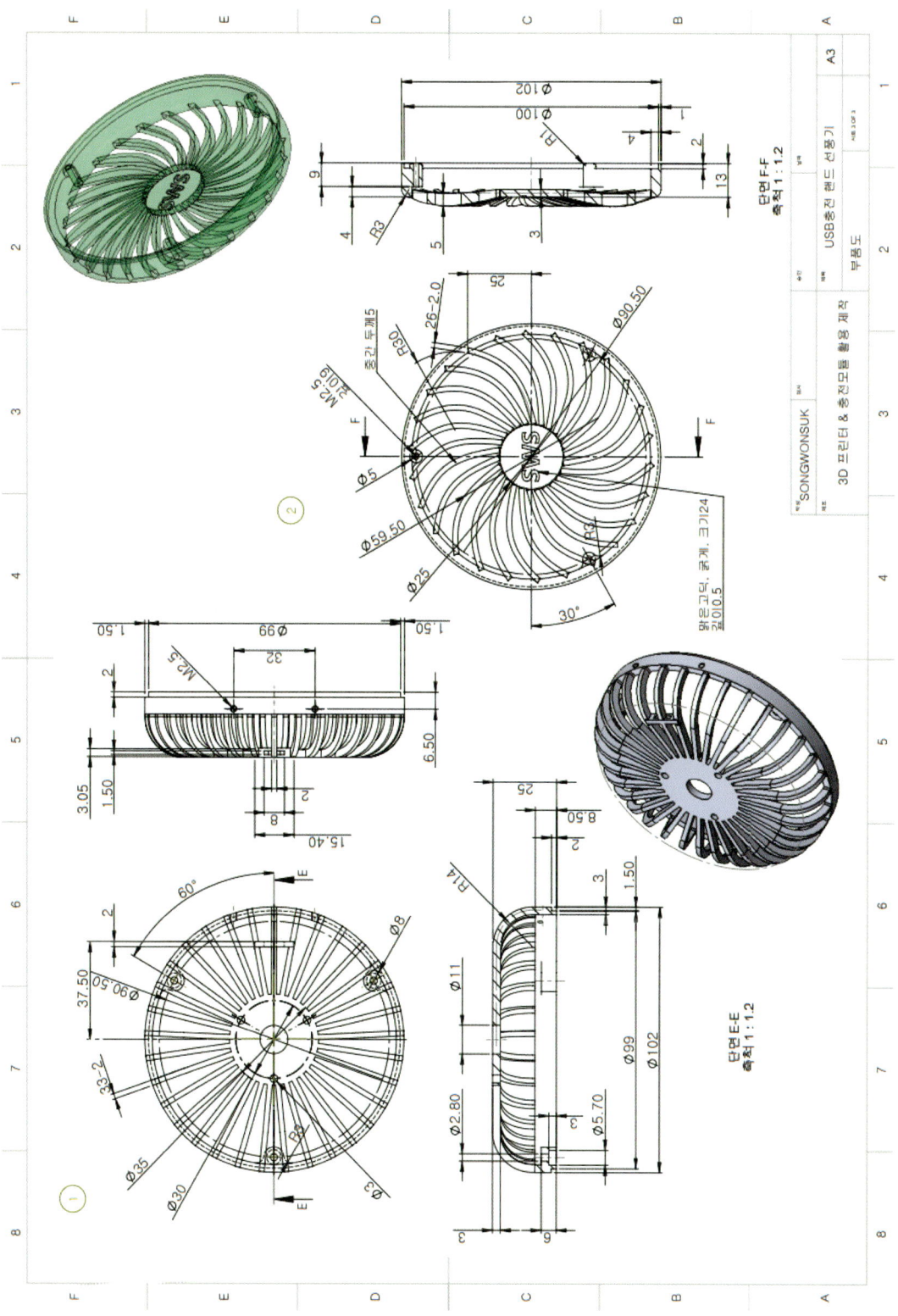

E. 3D모델링 및 3D프린팅

1. 부품

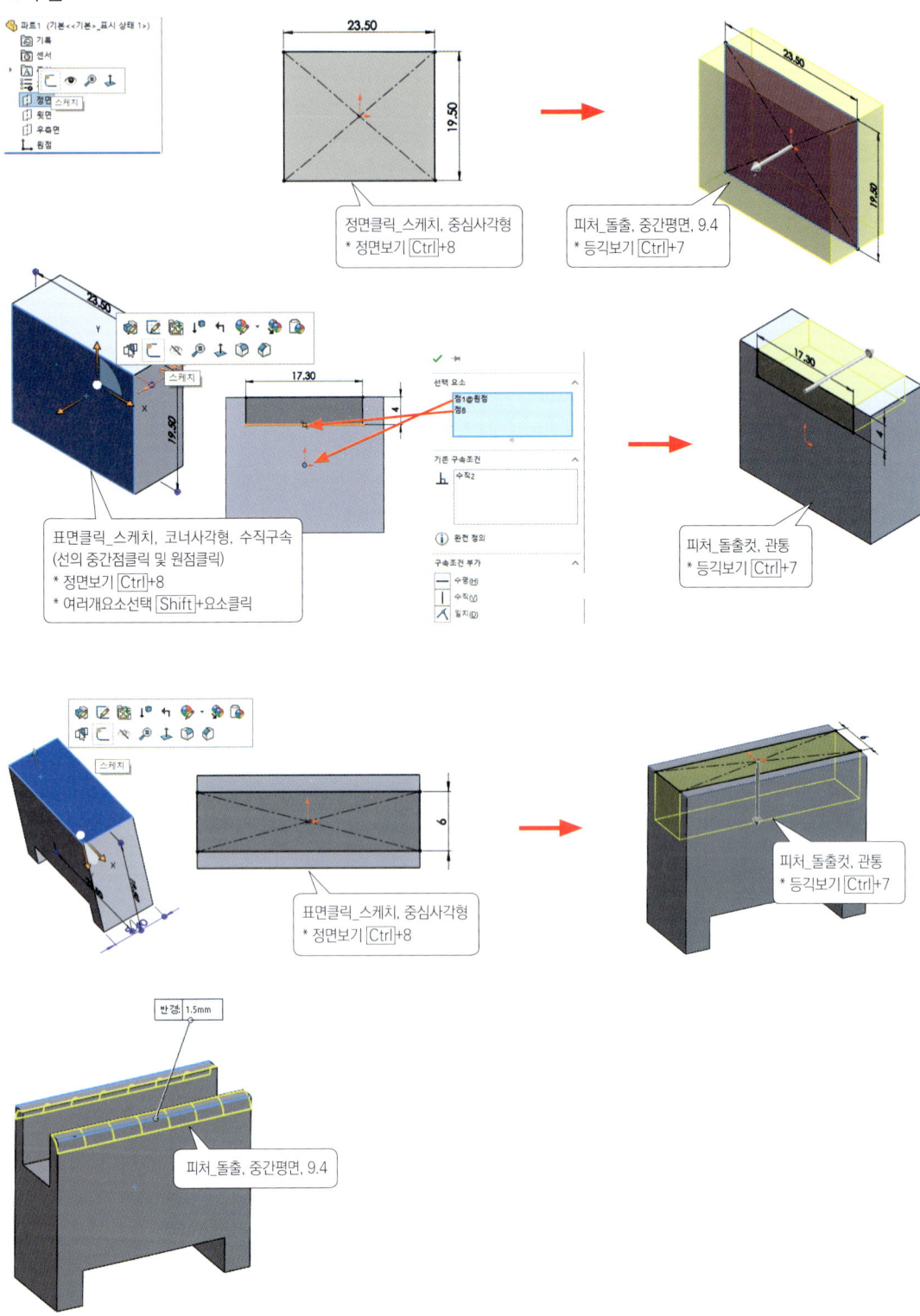

STL파일로 저장하기

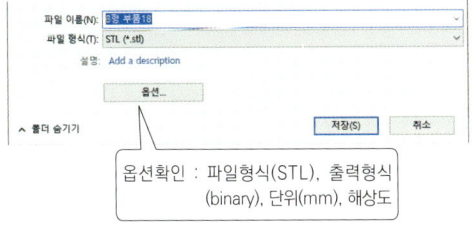

옵션확인 : 파일형식(STL), 출력형식 (binary), 단위(mm), 해상도

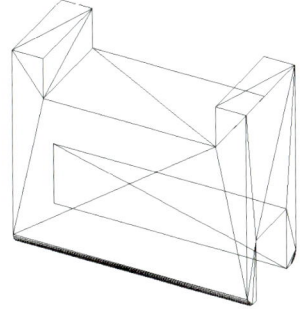

STL파일 슬라이싱 및 G-code 파일로 저장하기

[프린터 설정 : Cubicon Style Plus-A15]

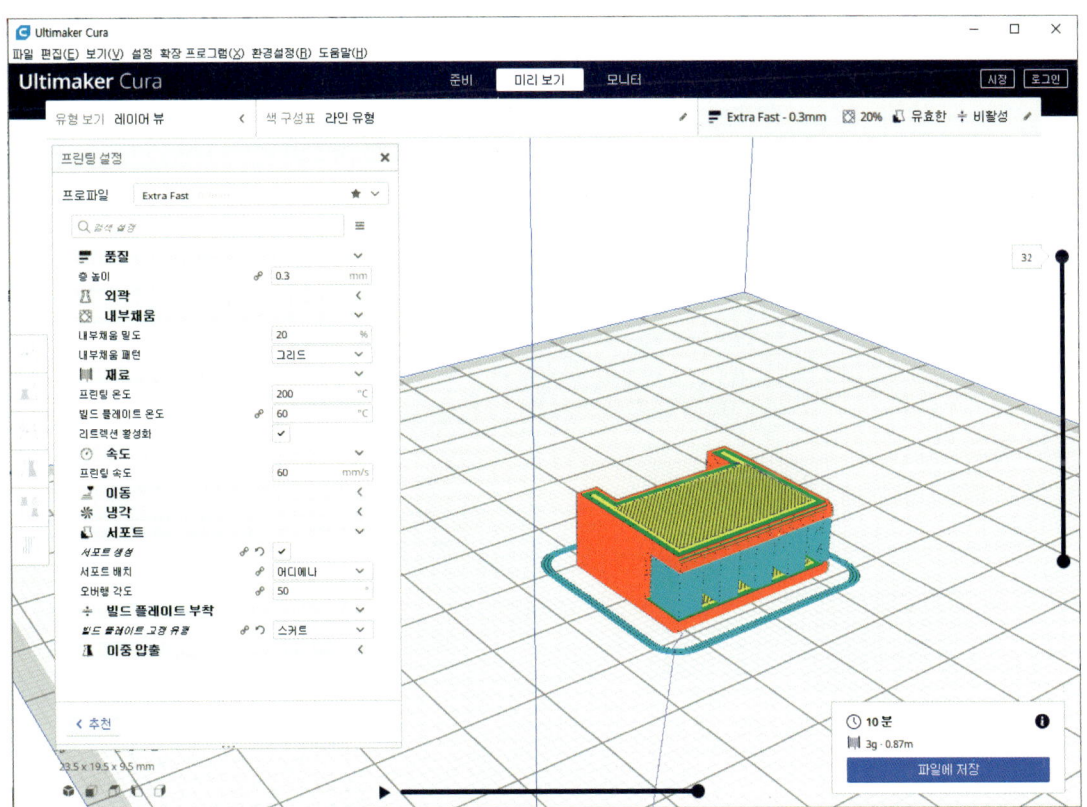

2. 부품

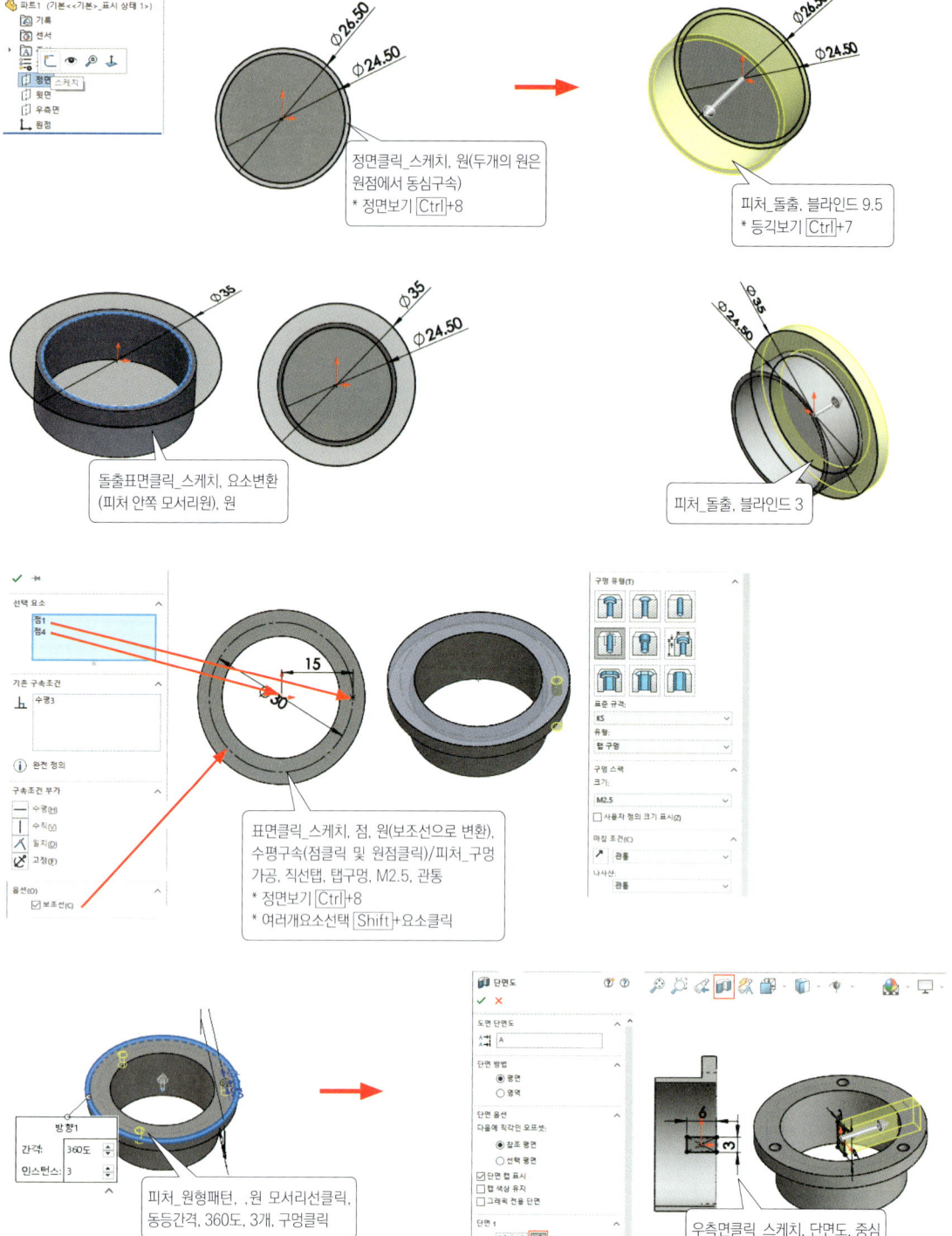

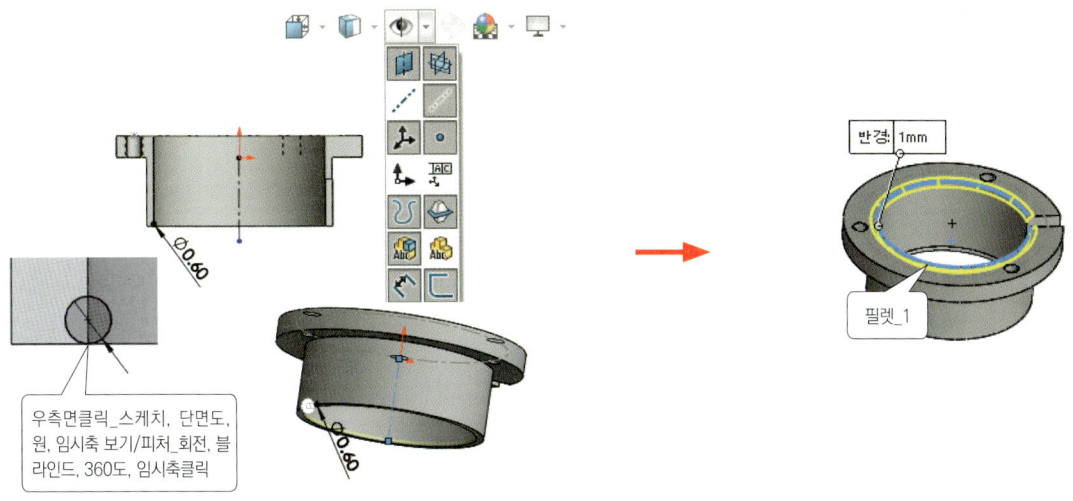

STL파일로 저장하기

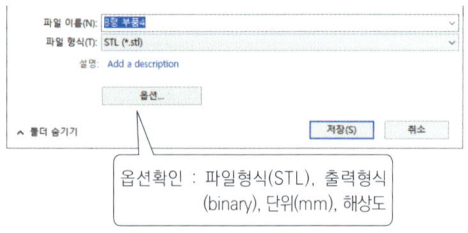

옵션확인 : 파일형식(STL), 출력형식
(binary), 단위(mm), 해상도

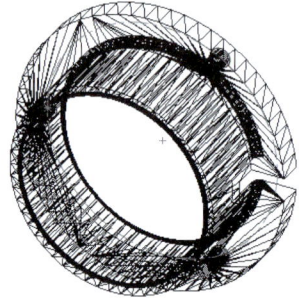

STL파일 슬라이싱 및 G-code 파일로 저장하기

[프린터 설정 : Cubicon Style Plus-A15]

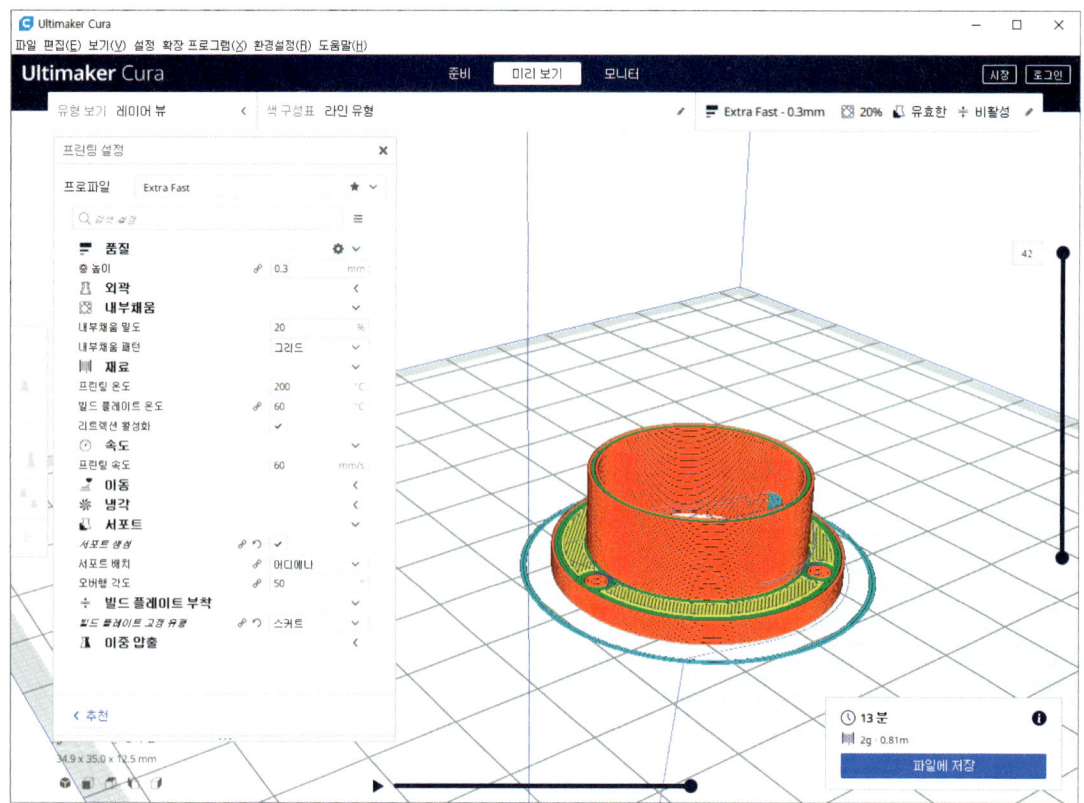

3. 부품

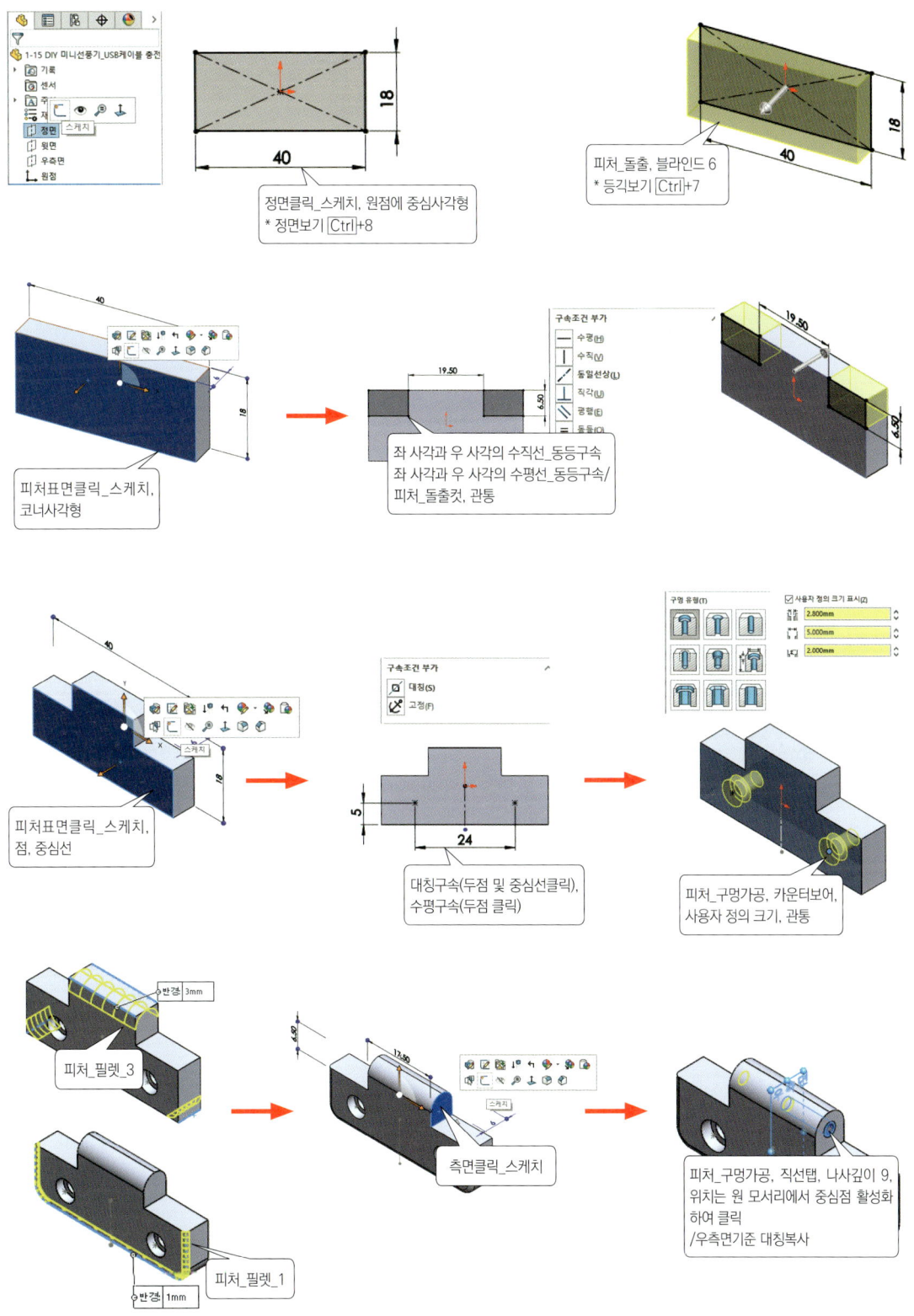

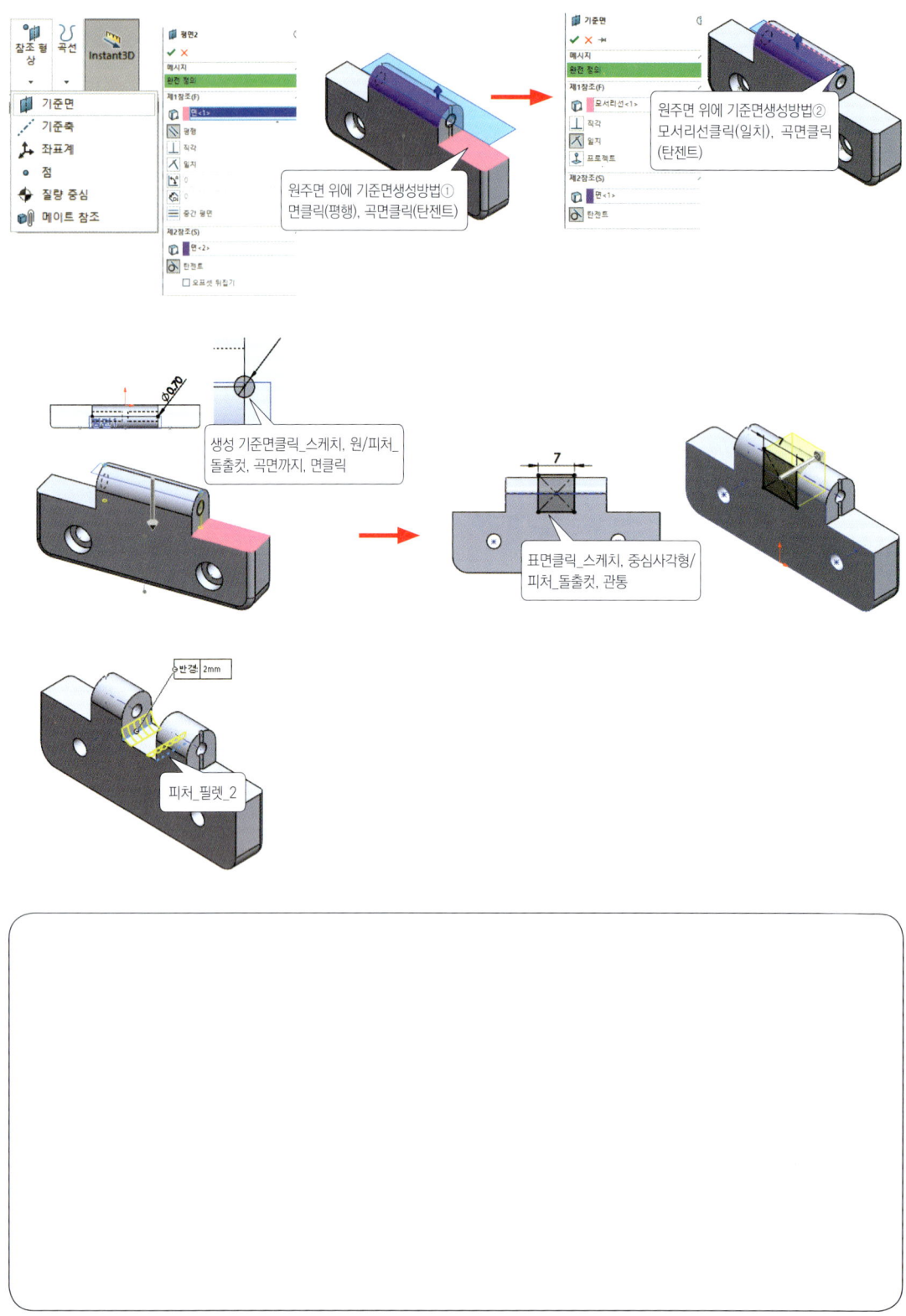

STL파일로 저장하기

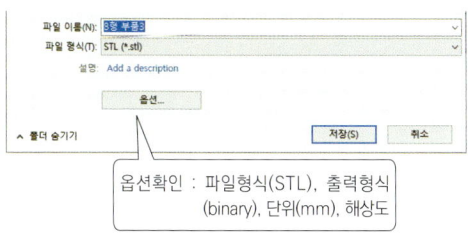

옵션확인 : 파일형식(STL), 출력형식
(binary), 단위(mm), 해상도

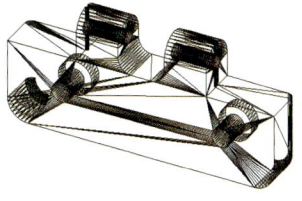

STL파일 슬라이싱 및 G-code 파일로 저장하기

[프린터 설정 : Cubicon Style Plus-A15]

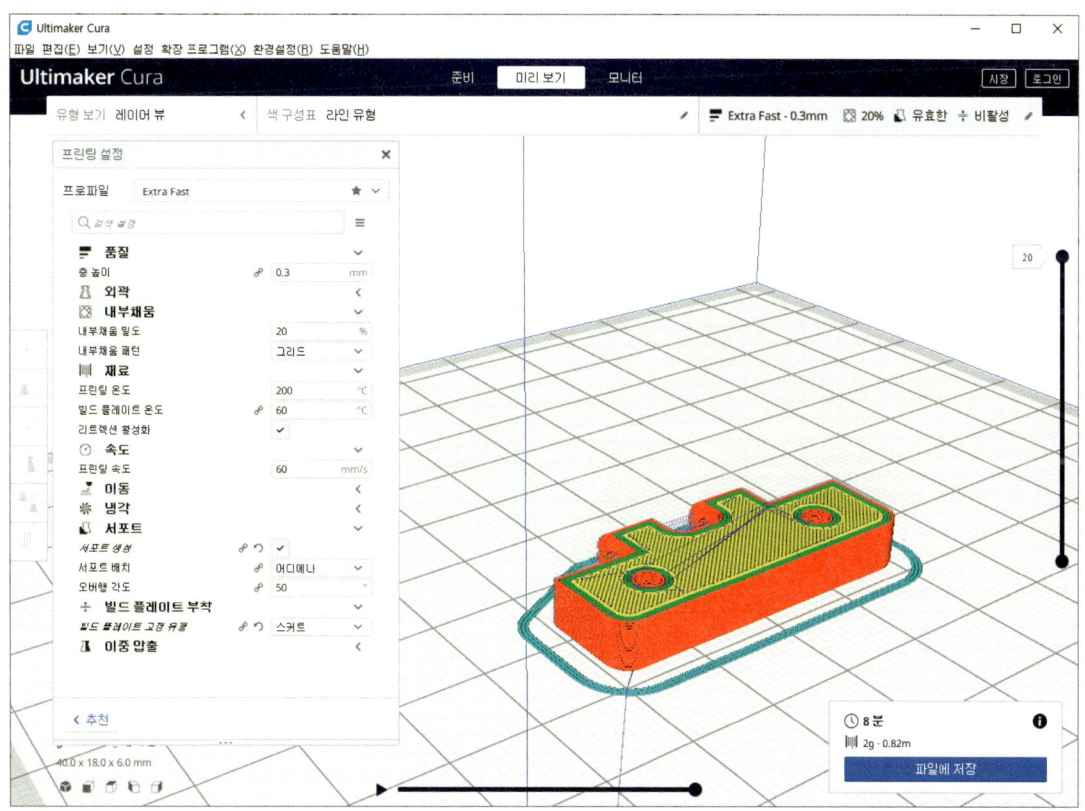

4. 부품

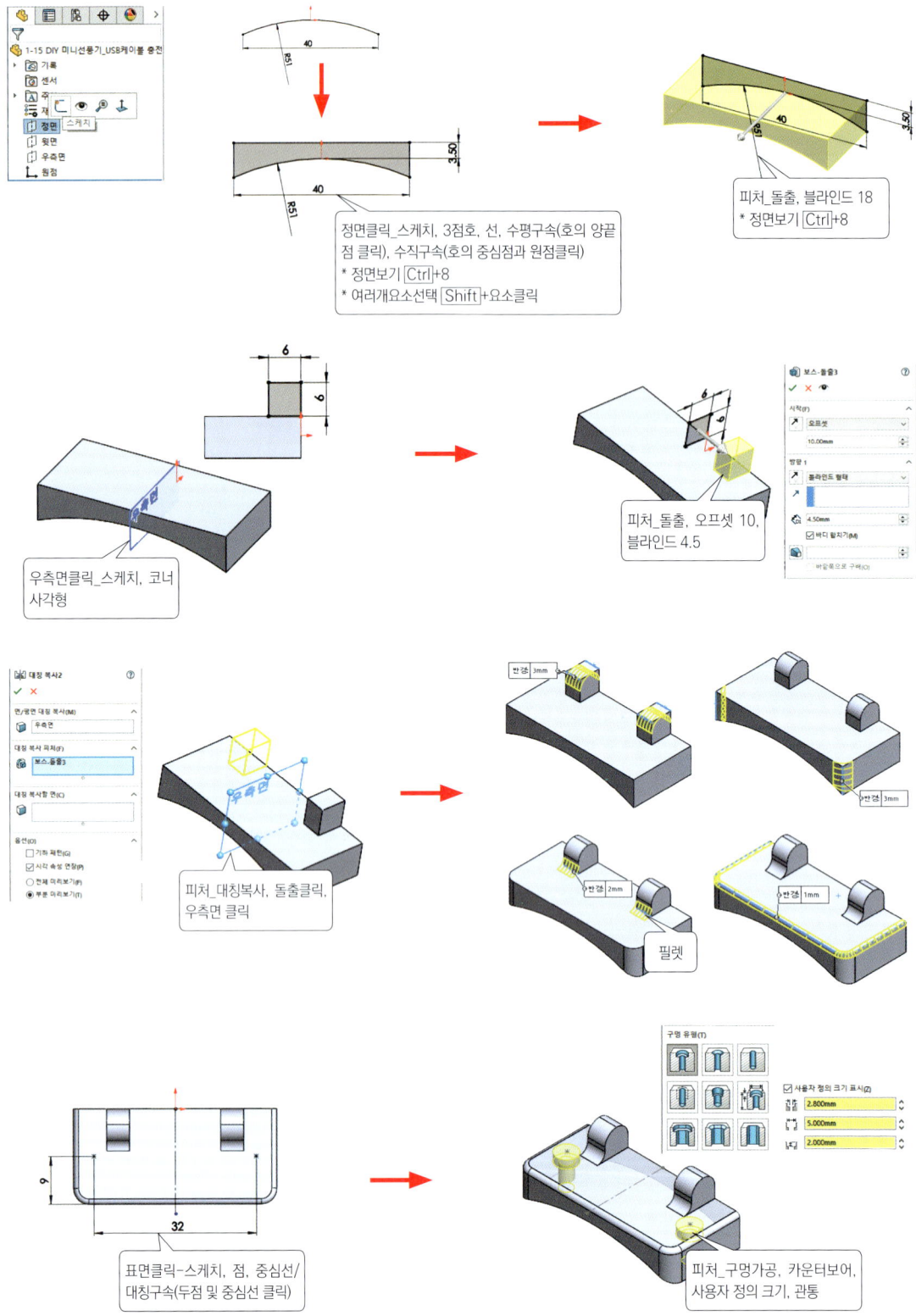

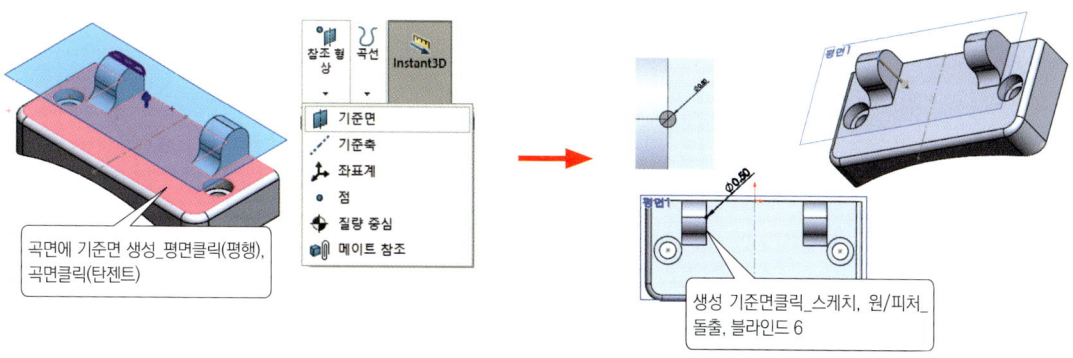

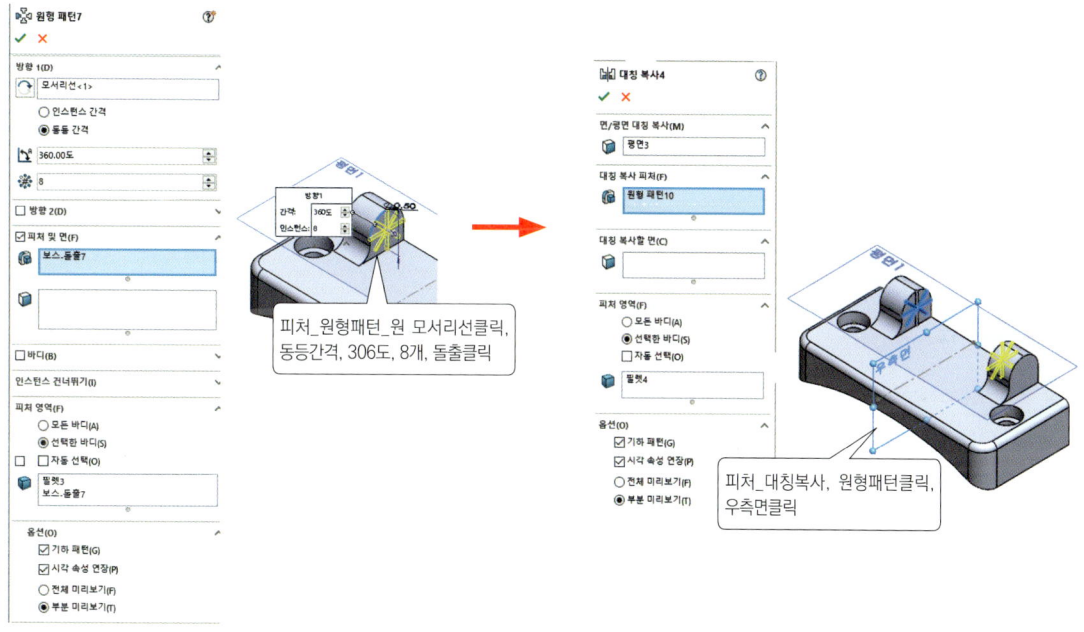

II. USB 충전 핸드 선풍기

STL파일로 저장하기

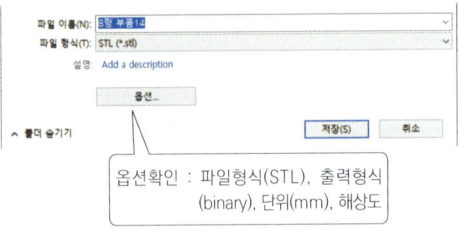

옵션확인 : 파일형식(STL), 출력형식
(binary), 단위(mm), 해상도

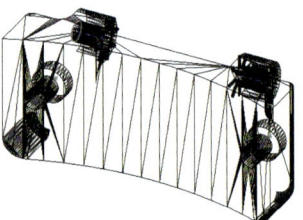

STL파일 슬라이싱 및 G-code 파일로 저장하기

[프린터 설정 : Cubicon Style Plus-A15]

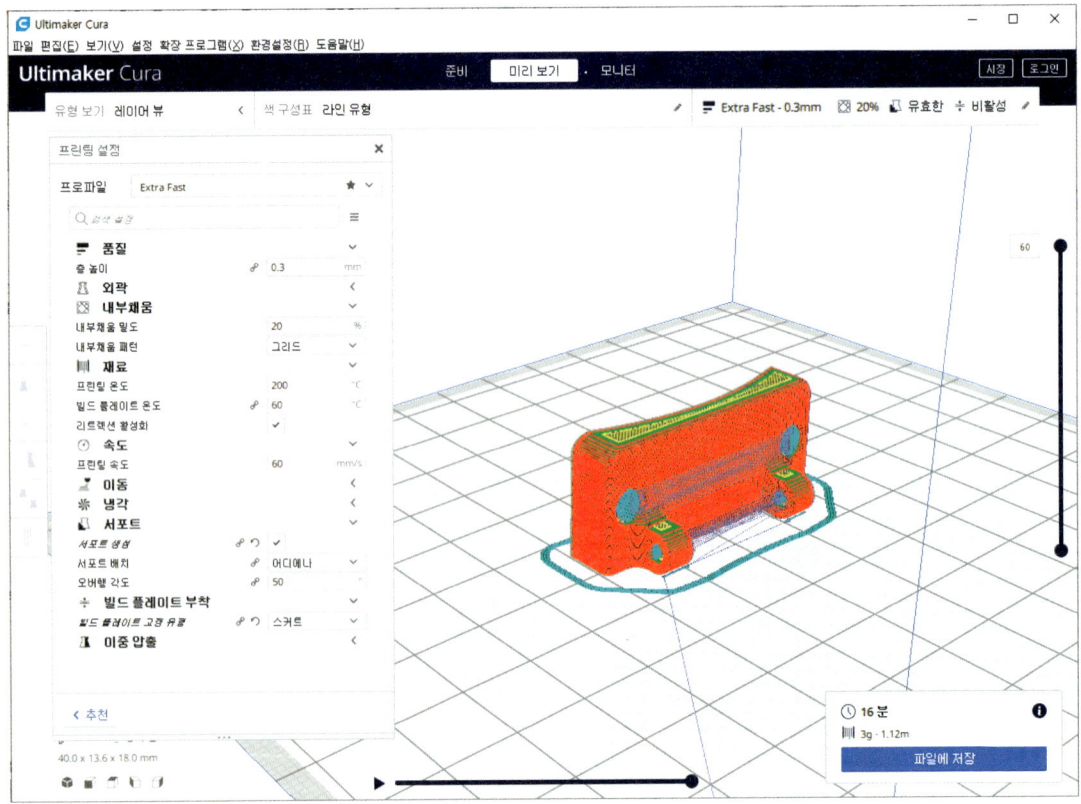

5. 부품

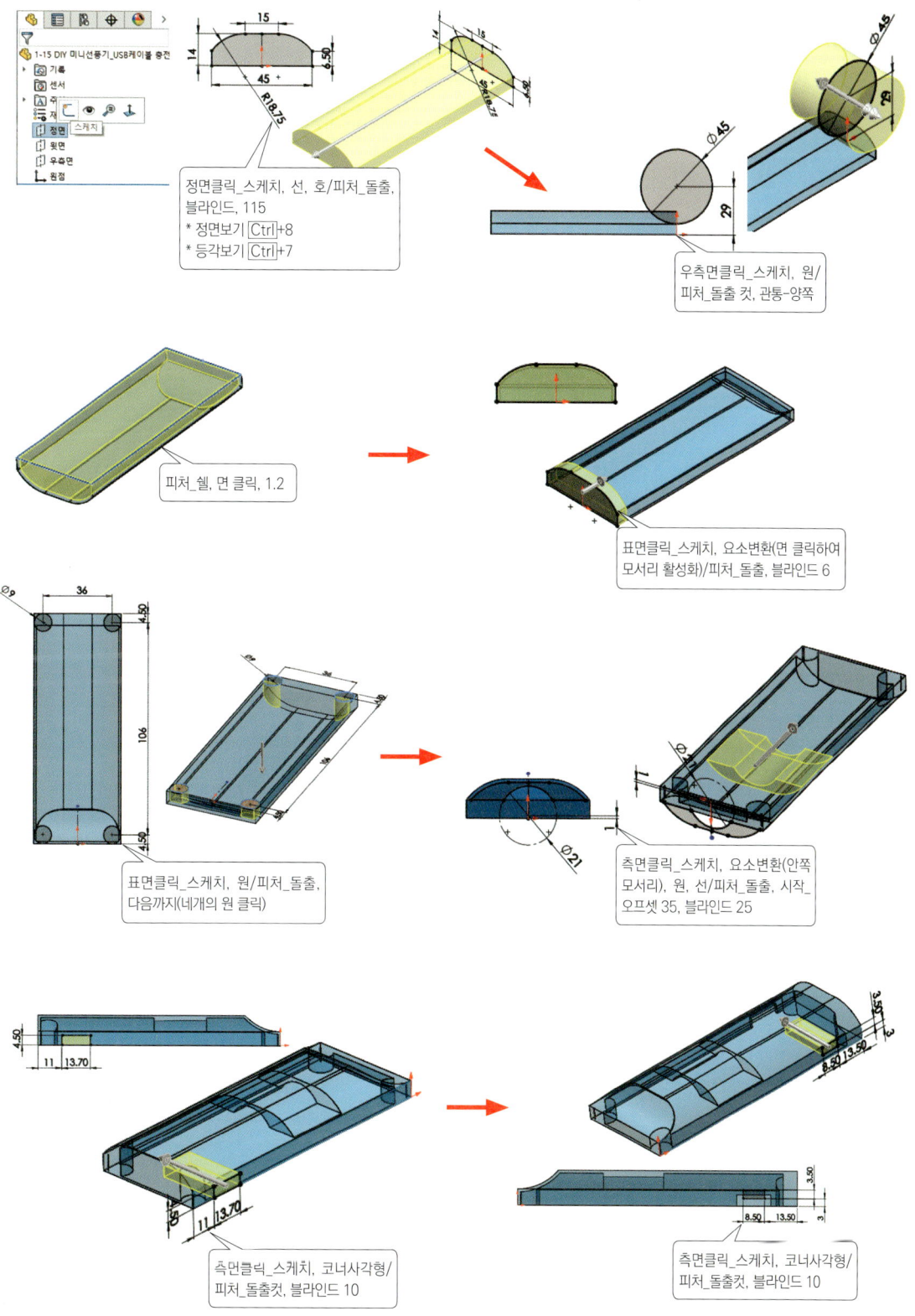

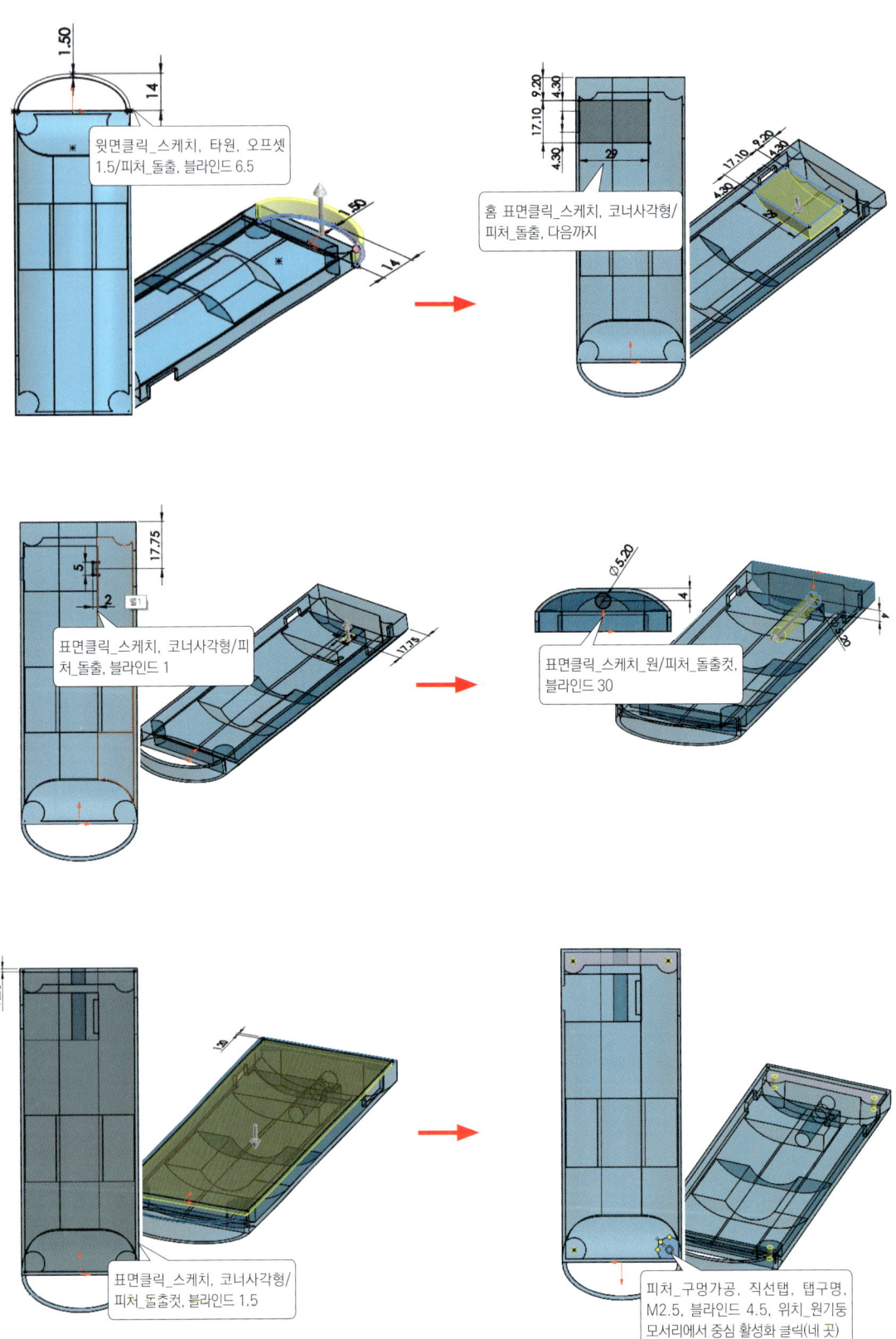

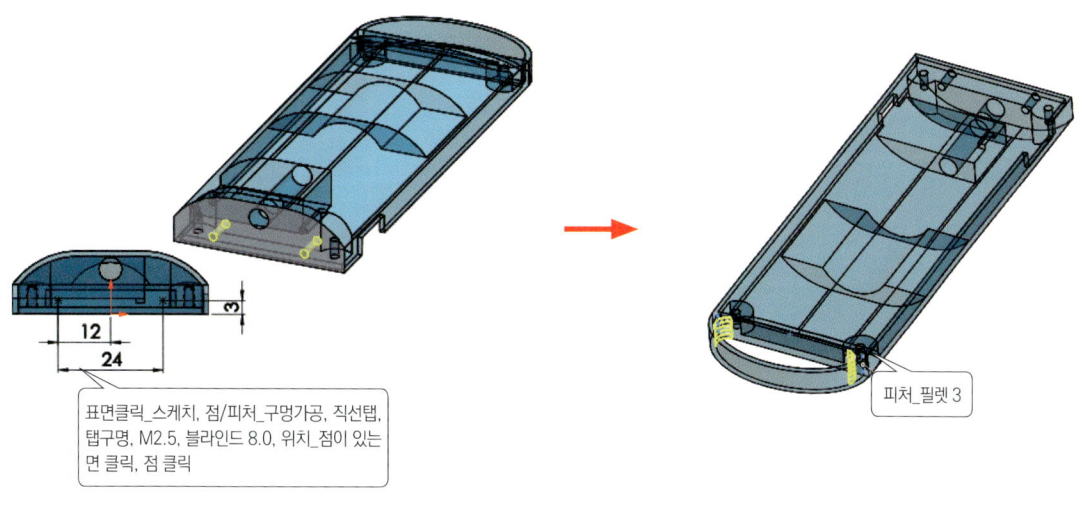

표면클릭_스케치, 점/피처_구멍가공, 직선탭, 탭구멍, M2.5, 블라인드 8.0, 위치_점이 있는 면 클릭, 점 클릭

피처_필렛 3

STL파일로 저장하기

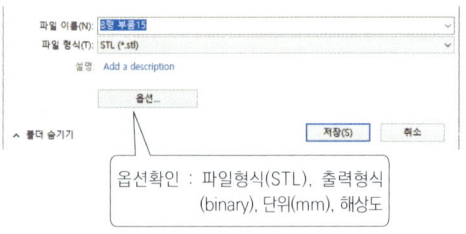

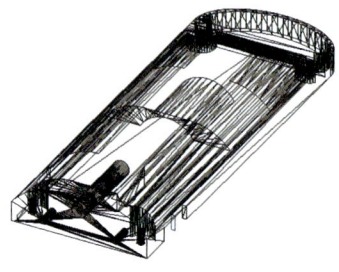

옵션확인 : 파일형식(STL), 출력형식 (binary), 단위(mm), 해상도

STL파일 슬라이싱 및 G-code 파일로 저장하기

[프린터 설정 : Cubicon Style Plus-A15]

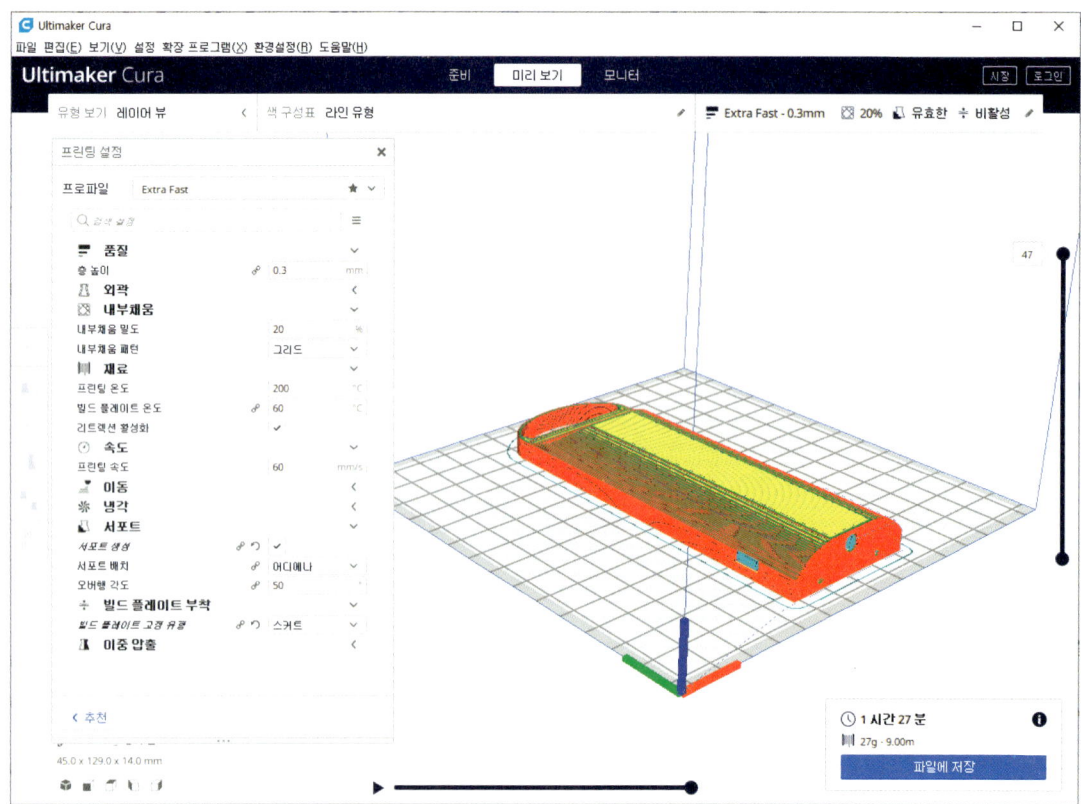

6. 부품

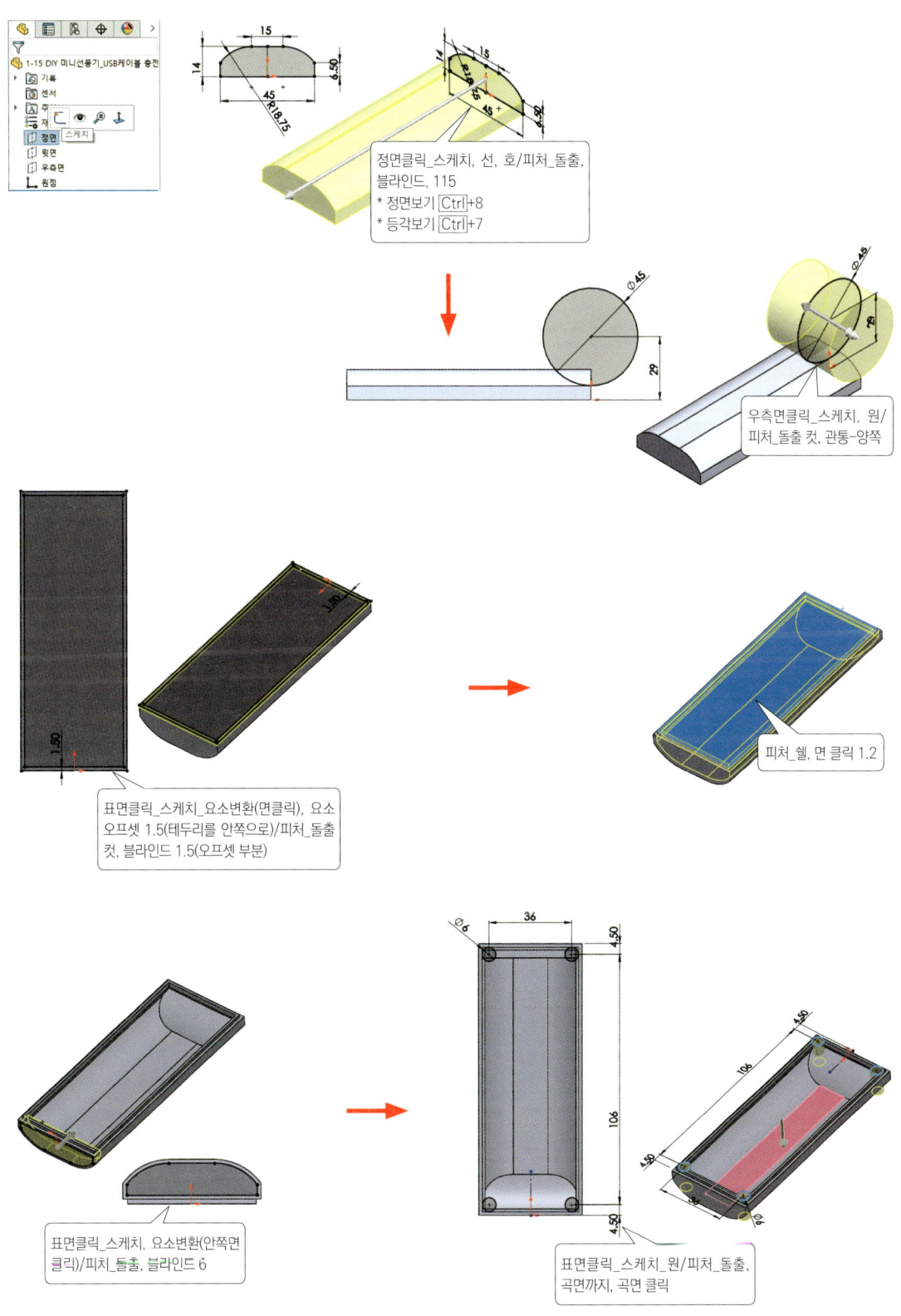

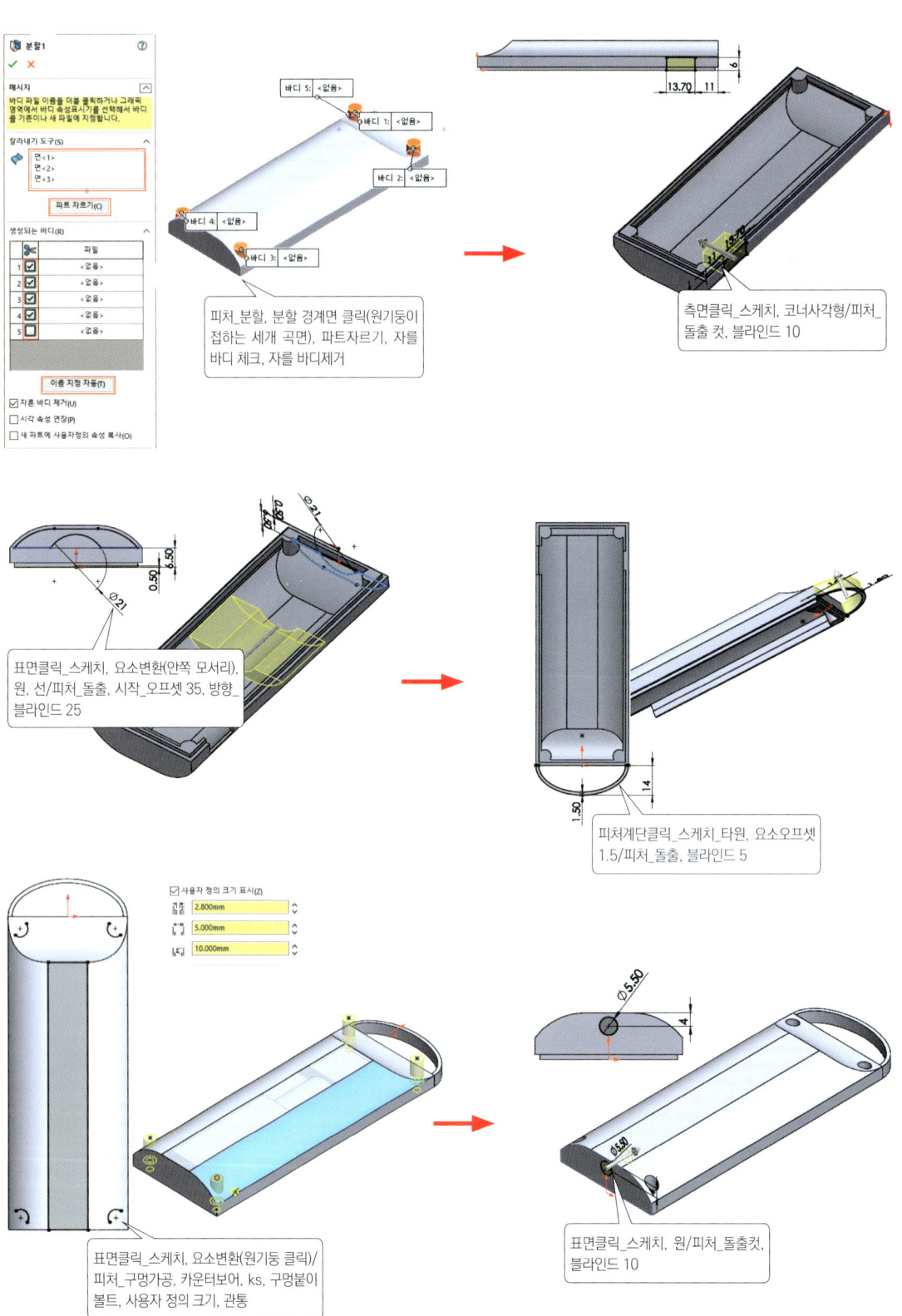

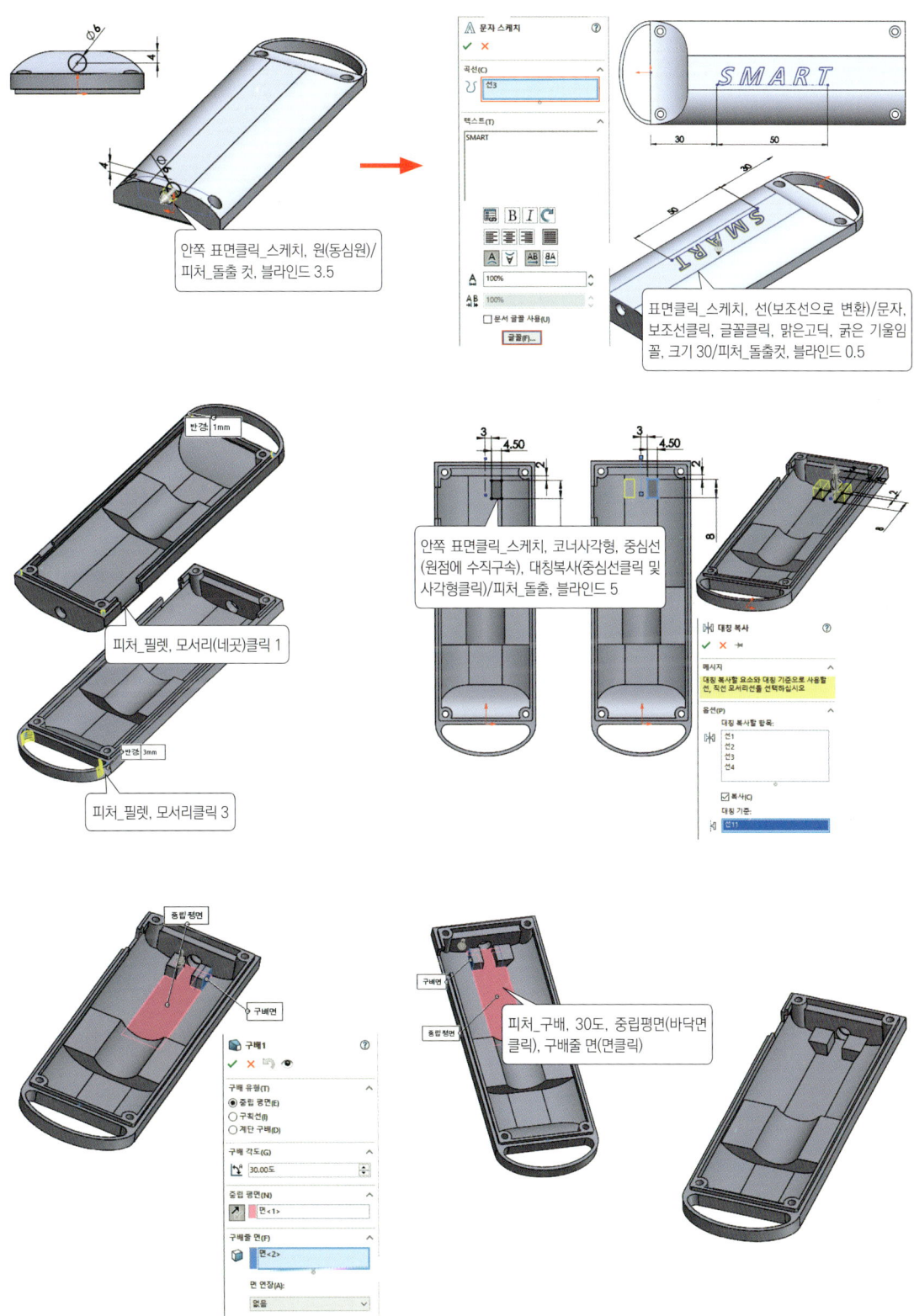

II. USB 충전 핸드 선풍기 • 93

STL파일로 저장하기

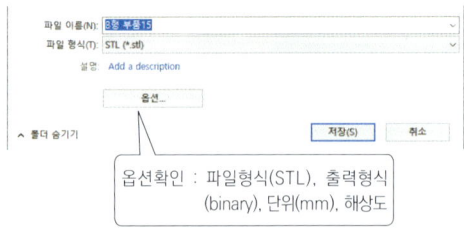

옵션확인 : 파일형식(STL), 출력형식 (binary), 단위(mm), 해상도

STL파일 슬라이싱 및 G-code 파일로 저장하기

[프린터 설정 : Cubicon Style Plus-A15]

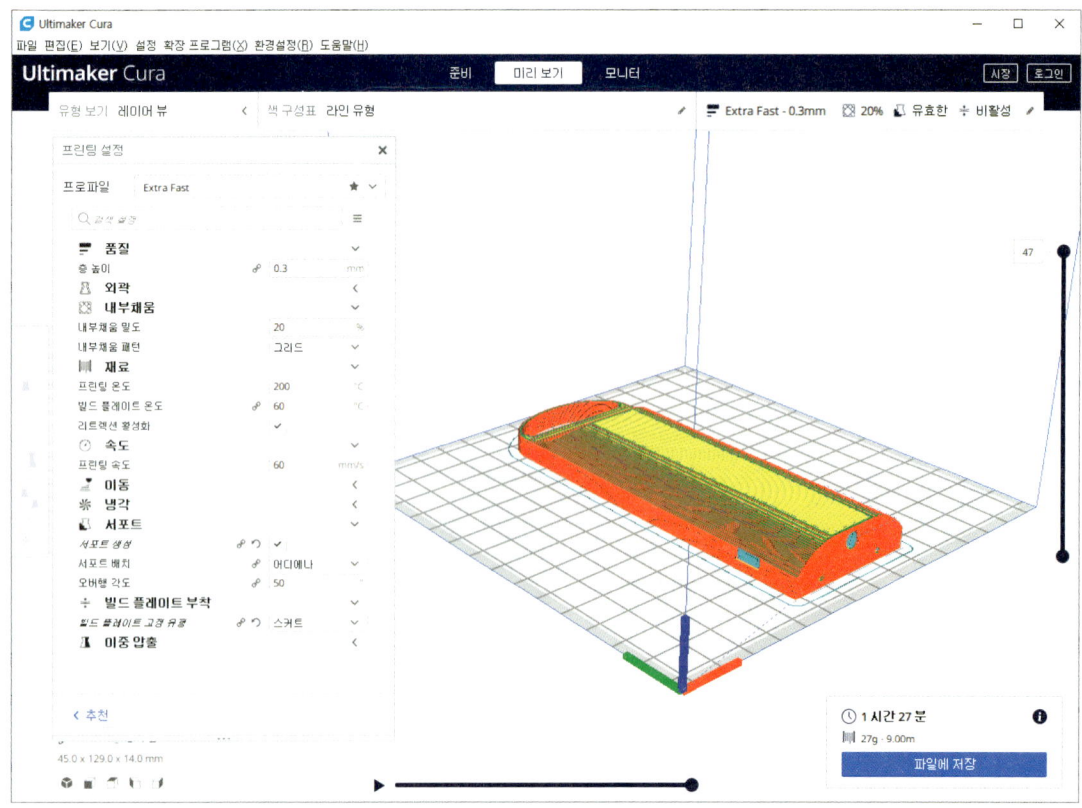

7. 부품

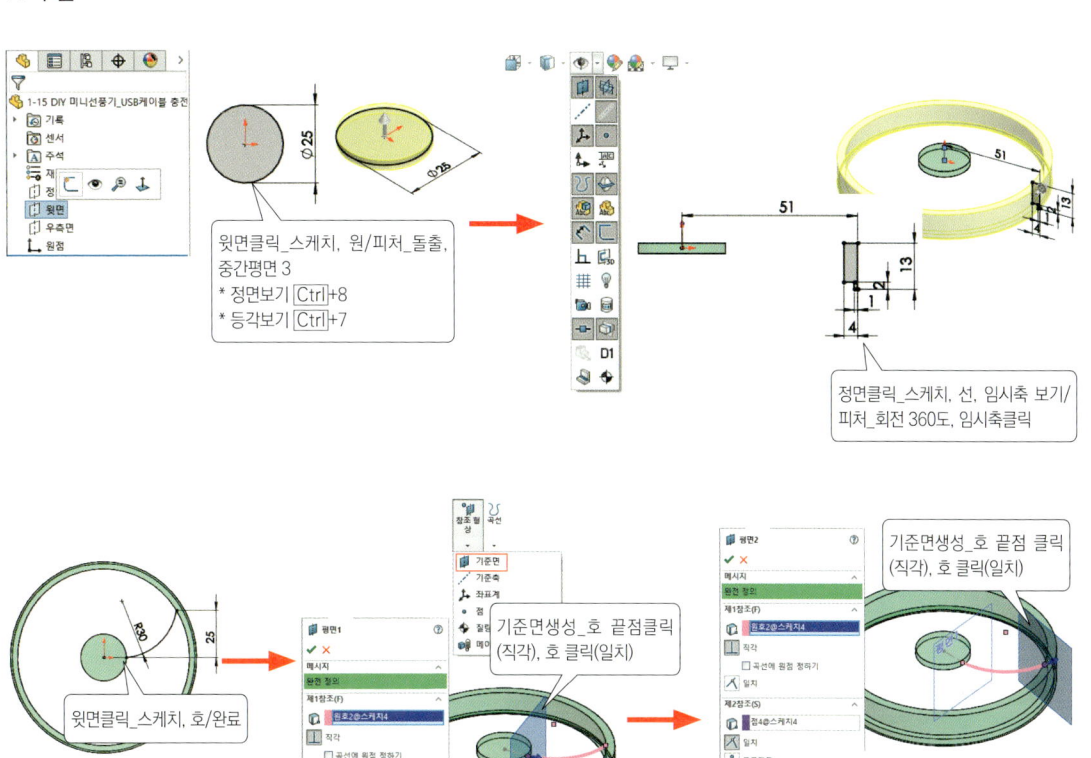

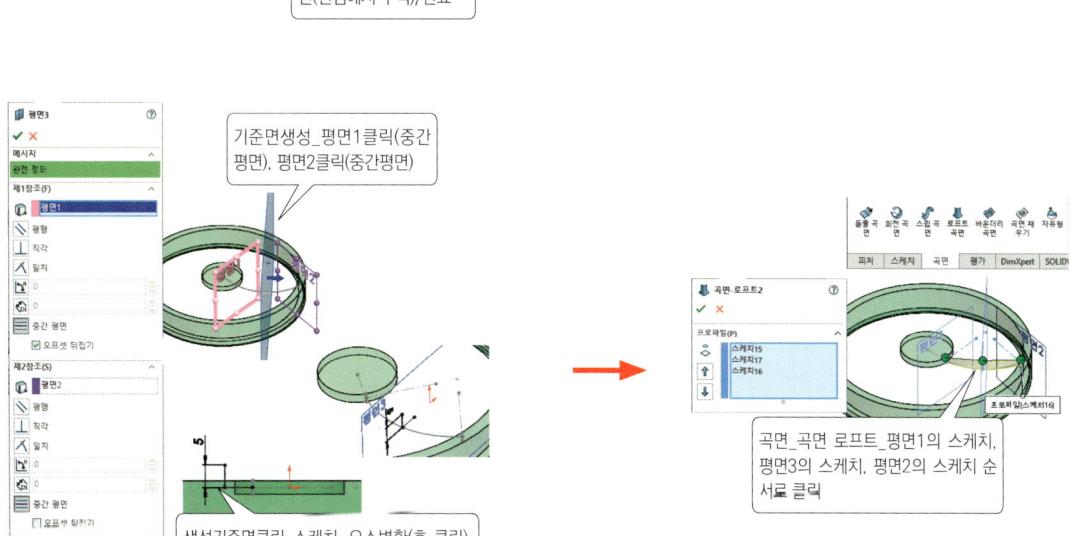

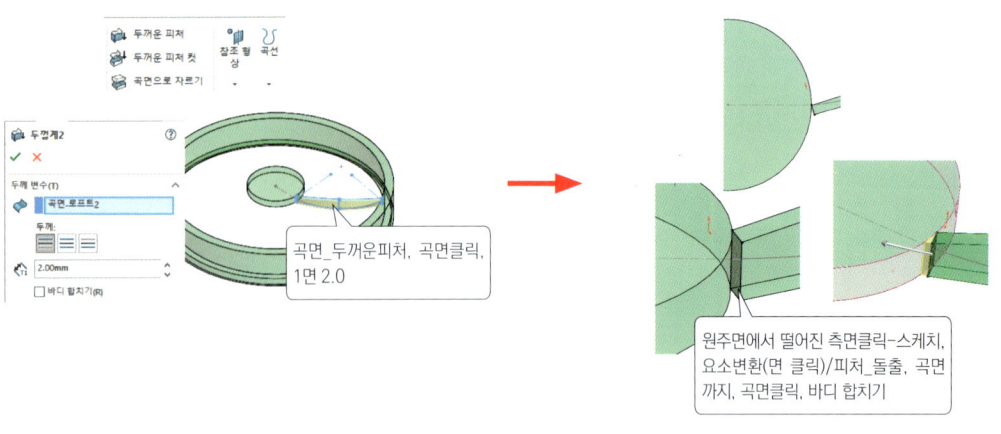

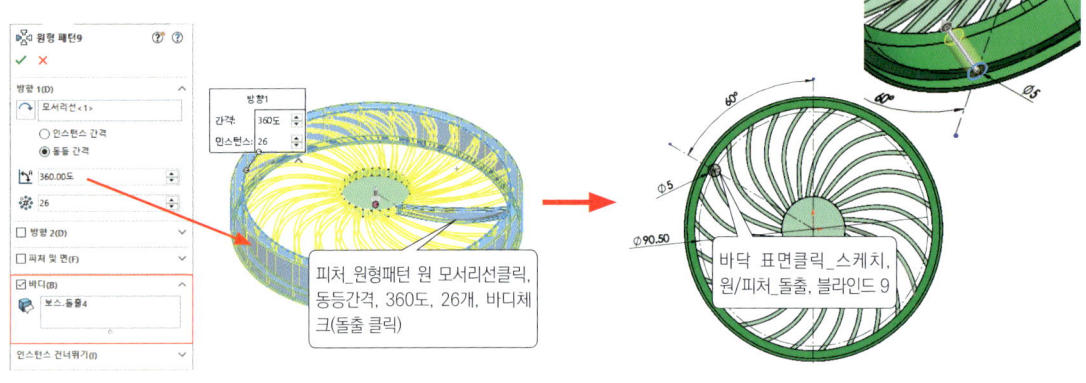

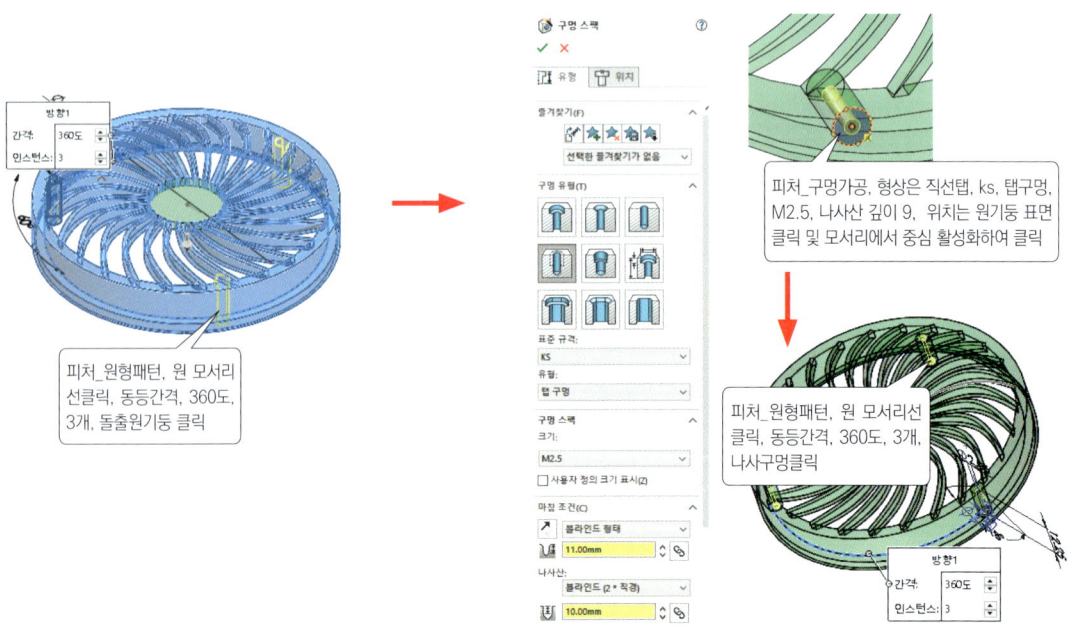

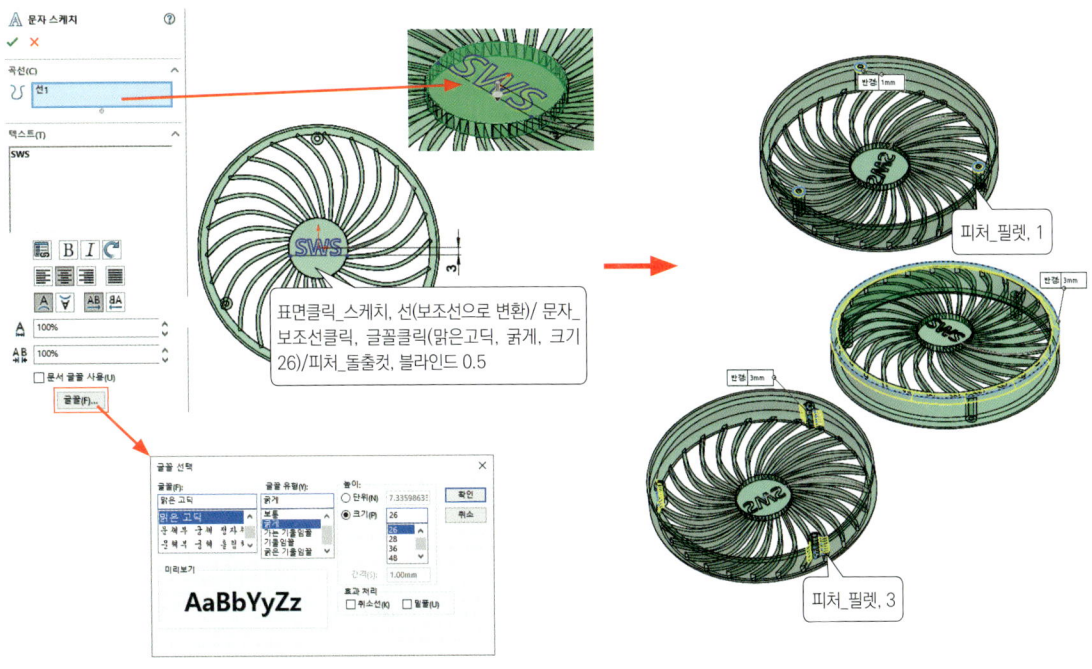

STL파일로 저장하기

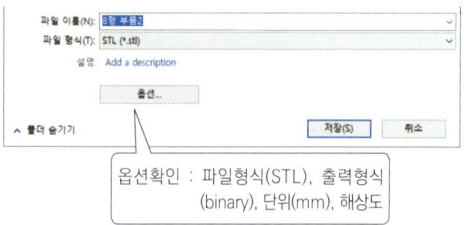

옵션확인 : 파일형식(STL), 출력형식
(binary), 단위(mm), 해상도

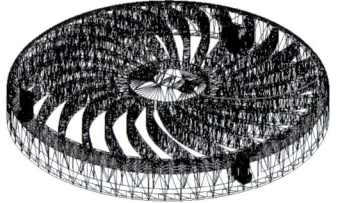

STL파일 슬라이싱 및 G-code 파일로 저장하기

[프린터 설정 : Cubicon Style Plus-A15]

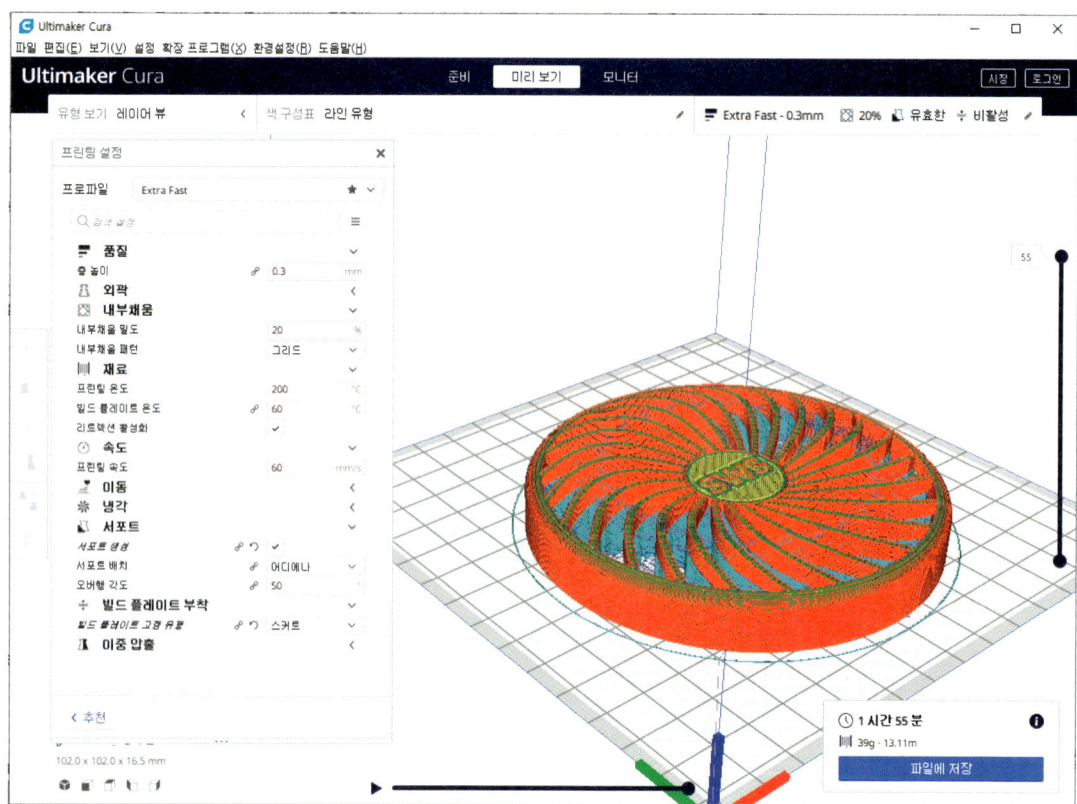

8. 부품

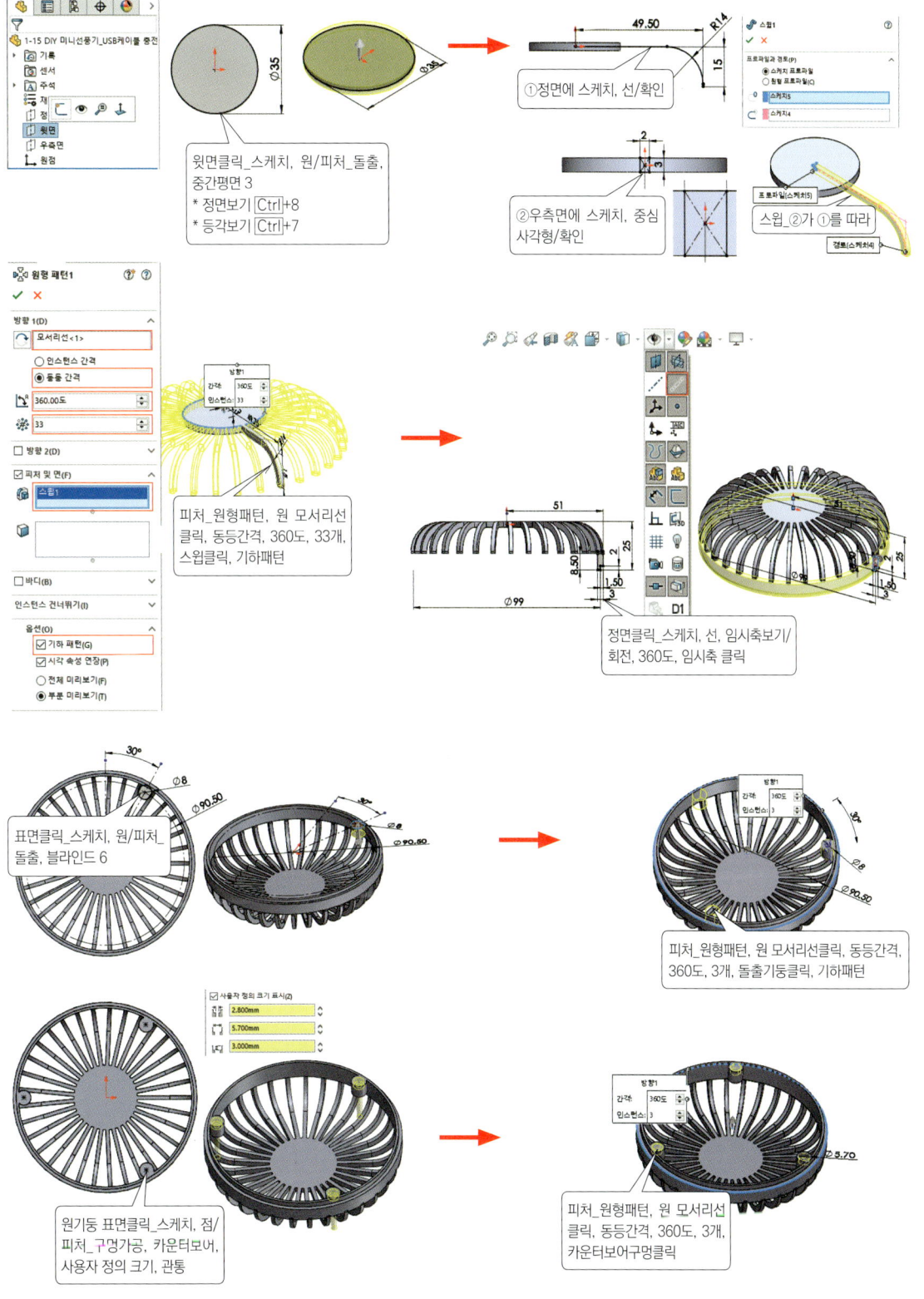

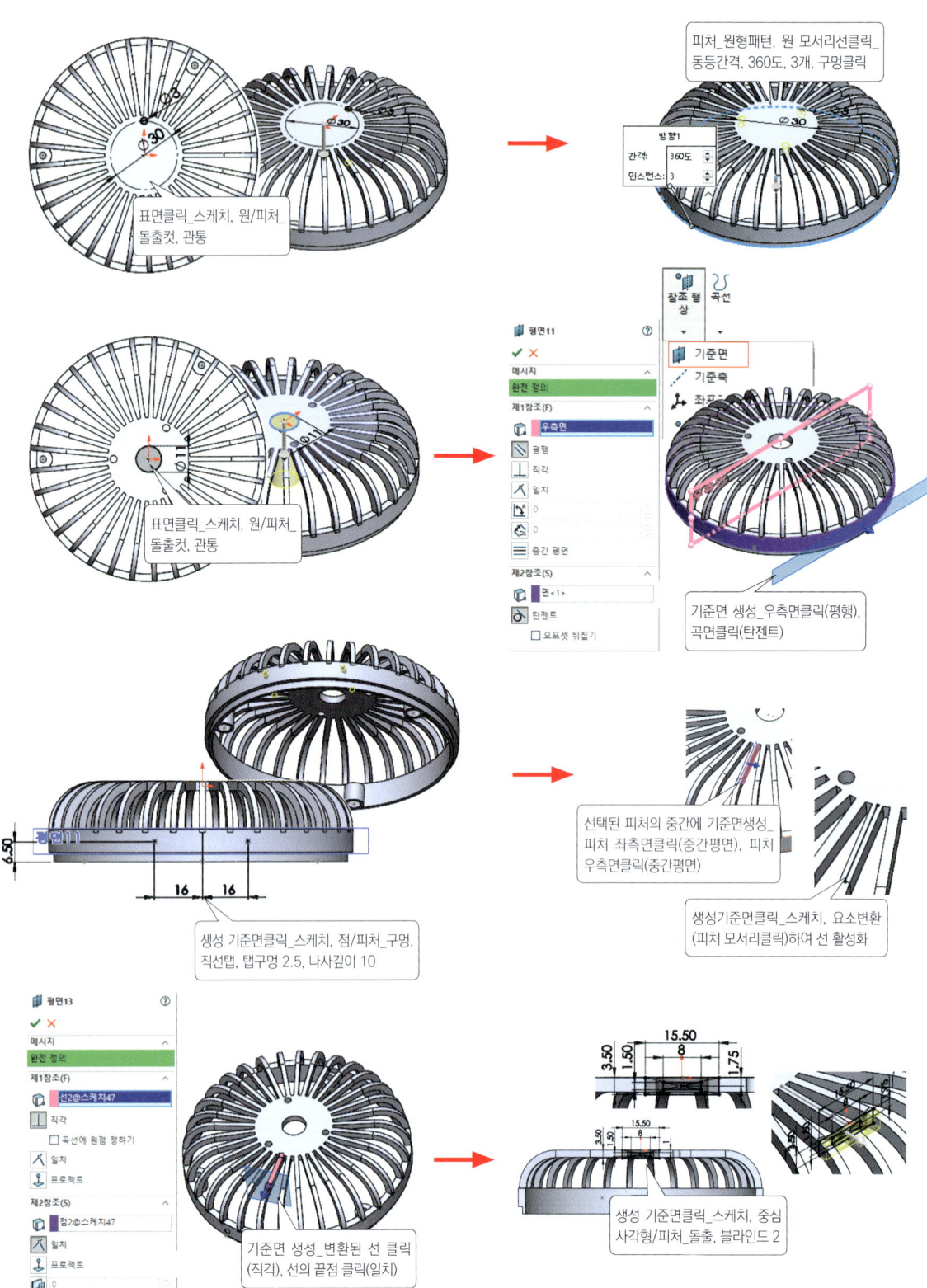

100 • 융합기술 프로젝트

STL파일로 저장하기

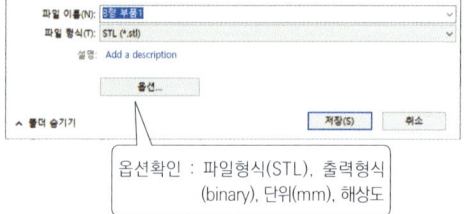

옵션확인 : 파일형식(STL), 출력형식 (binary), 단위(mm), 해상도

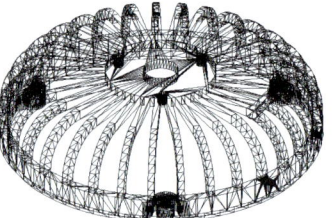

STL파일 슬라이싱 및 G-code 파일로 저장하기

[프린터 설정 : Cubicon Style Plus-A15]

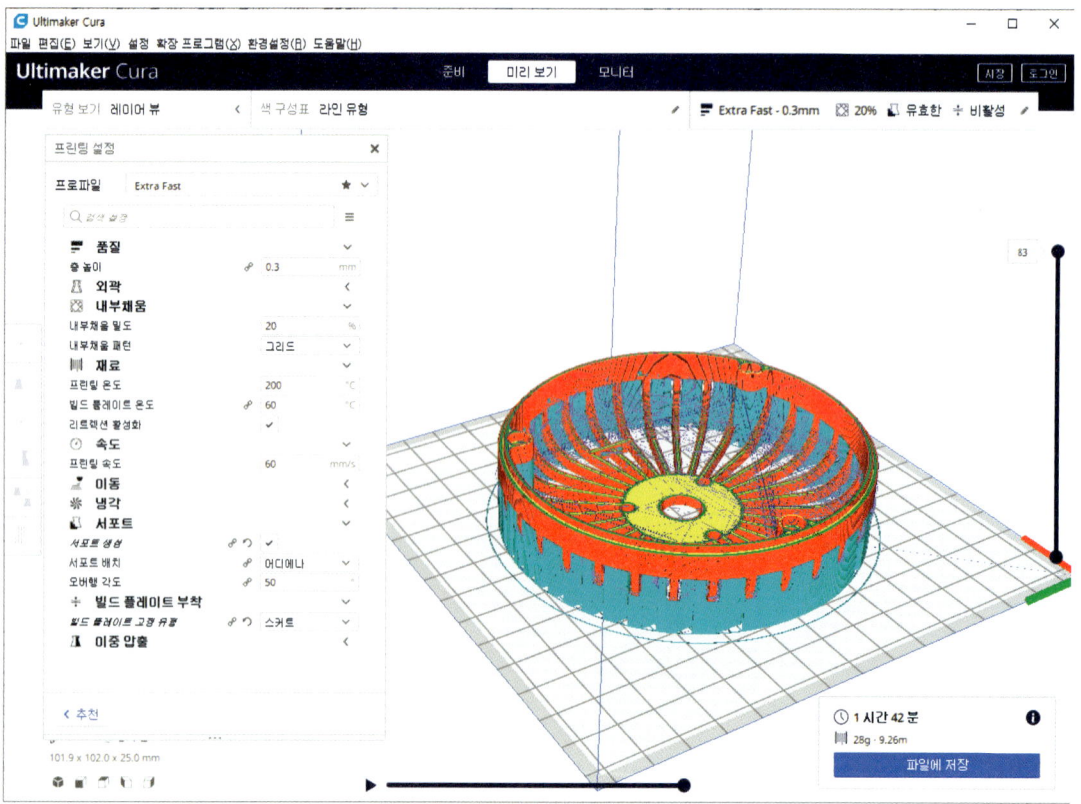

9. 부품

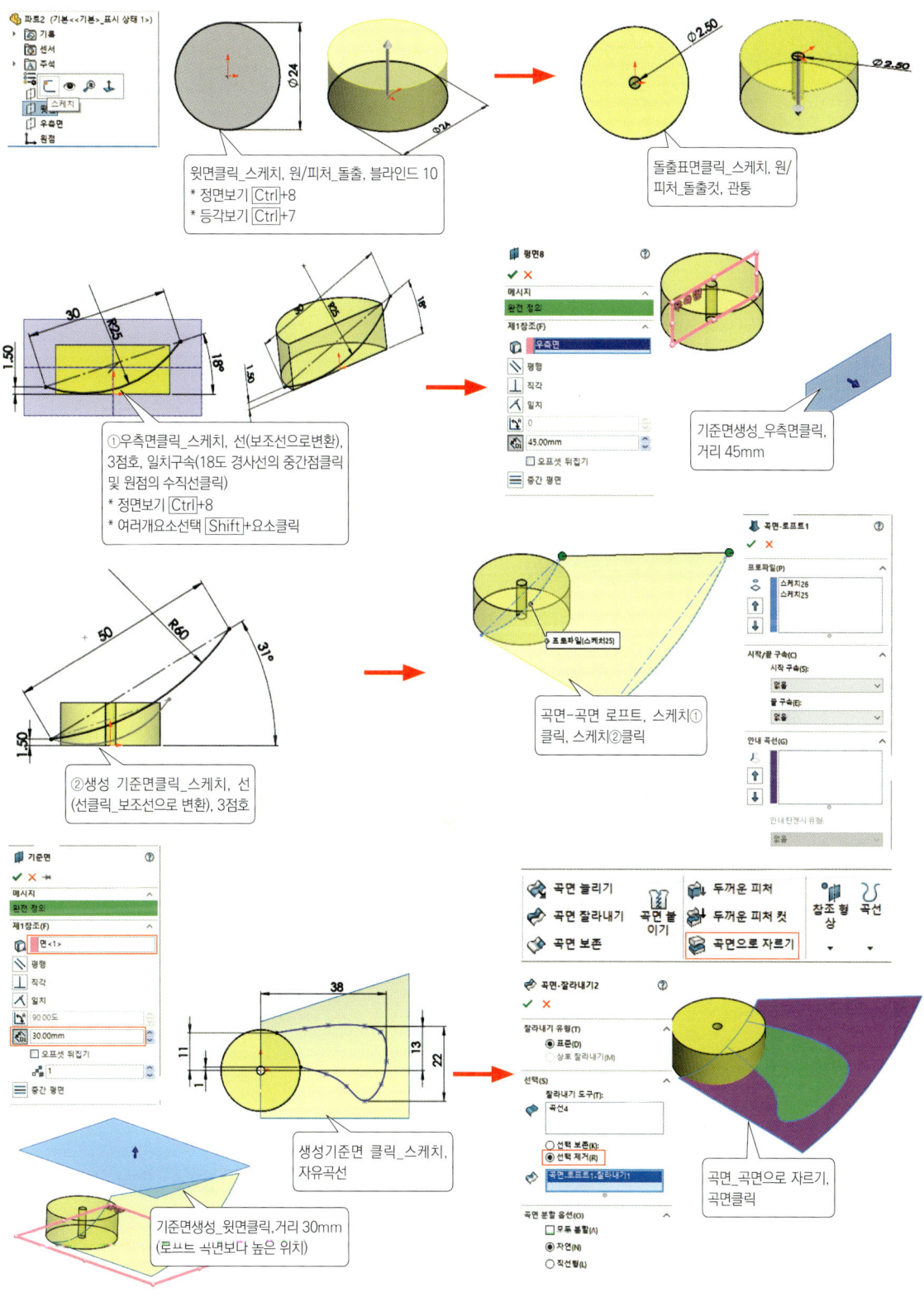

II. USB 충전 핸드 선풍기

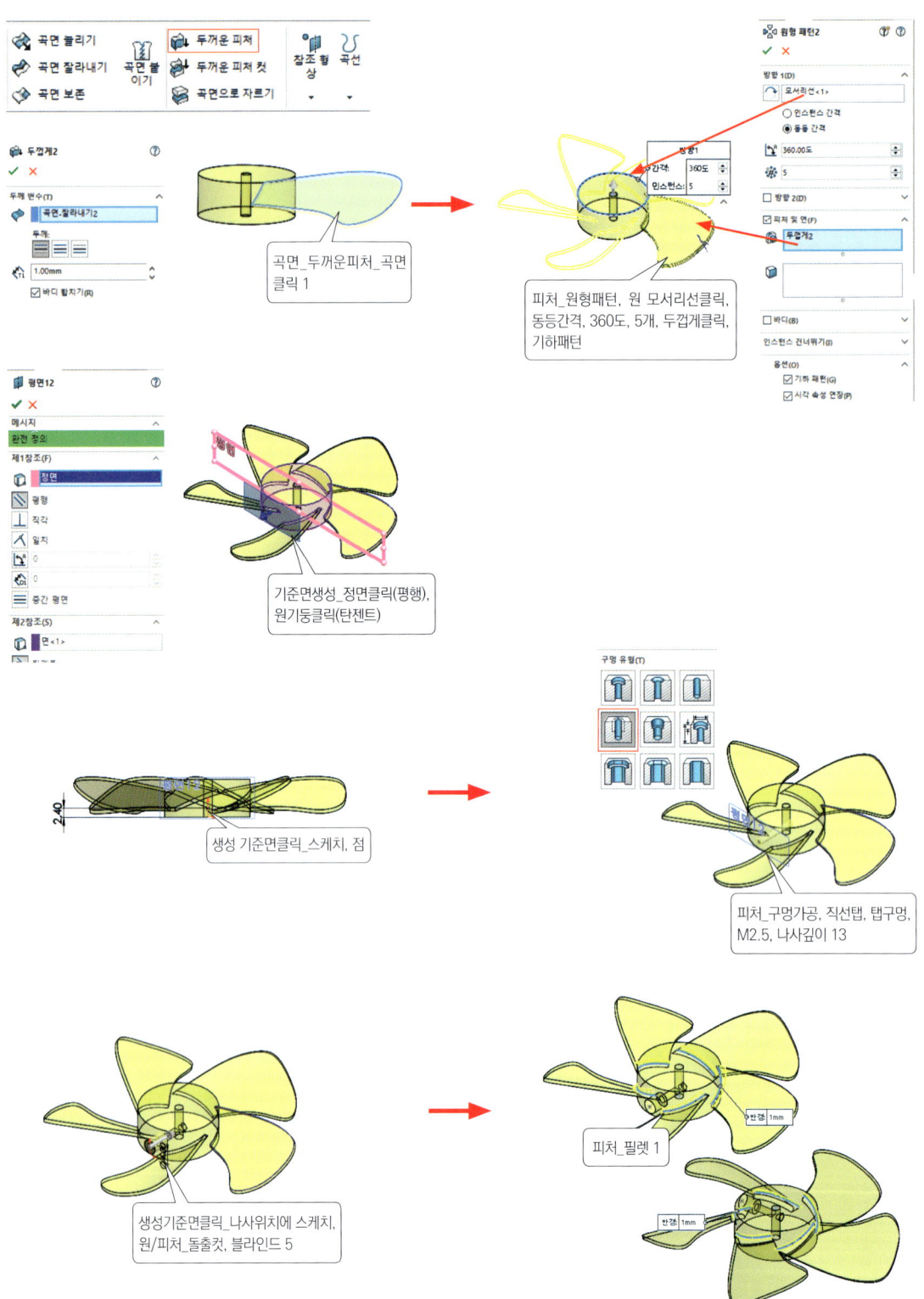

STL파일로 저장하기

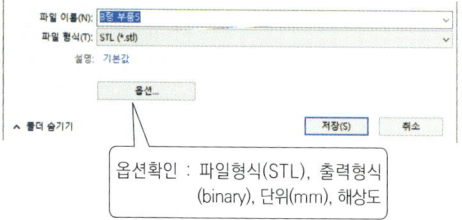

옵션확인 : 파일형식(STL), 출력형식 (binary), 단위(mm), 해상도

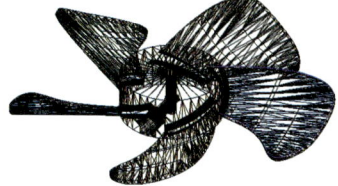

STL파일 슬라이싱 및 G-code 파일로 저장하기

[프린터 설정 : Cubicon Style Plus-A15]

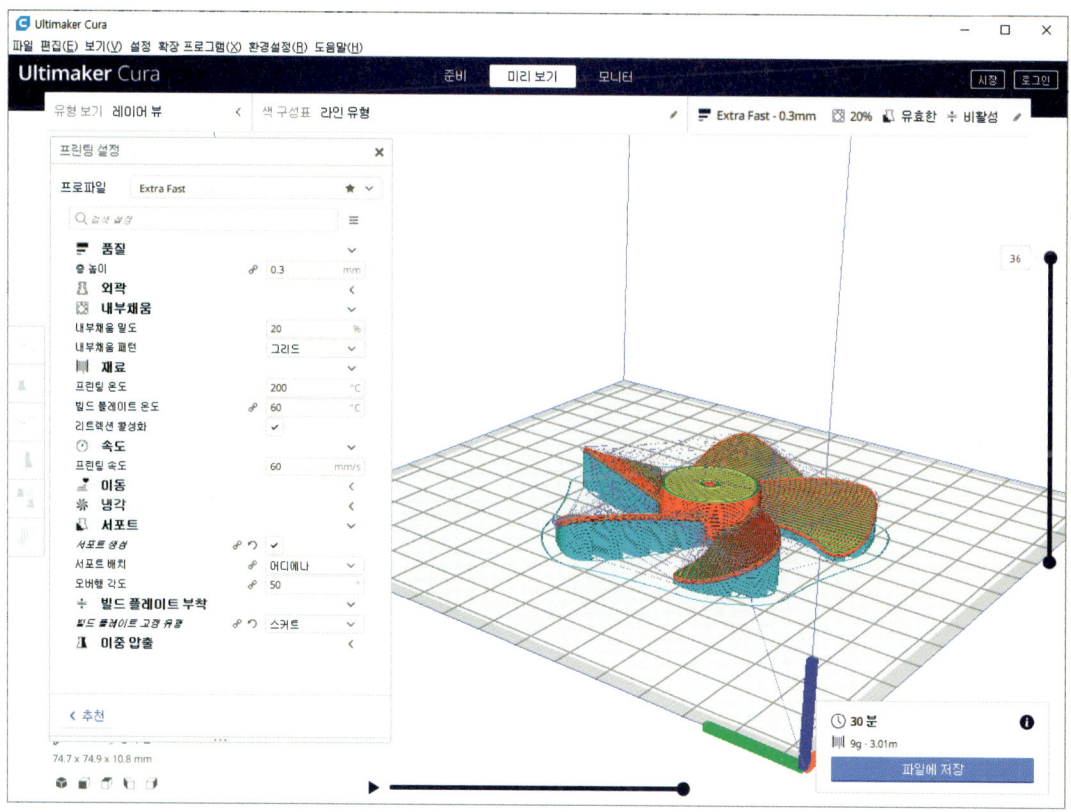

III

앱제어 핸드 선풍기

■ 본 서에 수록된 선풍기 STL 파일 다운로드 안내입니다.

■ 3D프린터로 출력 가능한 stl 파일이 도서출판 메카피아의 네이버 카페에 업로드 되어 있으니 본 서를 구입하신 독자 여러분께서는 자유롭게 다운로드 하시어 학습에 활용하시기 바랍니다.

〈STL 파일 형식 무료 제공〉
- 각도 조절 스탠드 선풍기
- USB 충전 핸드 선풍기
- 앱제어 핸드 선풍기

〈도서출판 메카피아 네이버 카페〉
https://cafe.naver.com/mechabooks

A. 조립품 및 각 부품

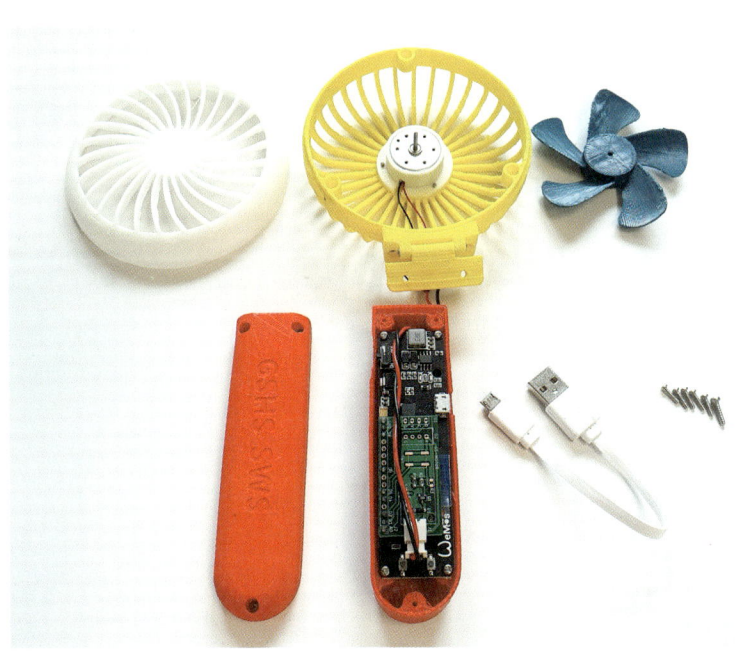

B. 재료목록

[표 5] 앱제어 선풍기 재료

	품명	규격	수량	예상단가(원)	비고(쇼핑몰)
1	무선제어 선풍기 쉴드PCB	Wroom-02용 IoT-MotorPCB	1	9,500	[표6]
2	Connector	Molex_5268-02A	1	100	
3	Connector	Molex_5264-02	1	50	
4	하네스 케이블	200mm(빨강)	1	50	
5	하네스 케이블	200mm(검정)	1	50	
6	WemosESP-Wroom-02D1미니ESP8266보드	MiniWiFiModule	1	12,280	www.vctec.co.kr/
7	USB 케이블	USB-MICRO(B-TYPE)	1	300	www.ic114.com 제품 ID : P1040703
8	저전류모터	DC3-6V/28mA,3300~6600rpm	1	580	www.auction.co.kr/ 상품번호: B554884768
9	리튬이온 배터리	18650-2600mAh	1	3,300	www.ic114.com 제품 ID : P0088425
10	둥근머리탭핑 2종 나사	(스텐), M2.0x8	17	48	www.boltmall2.com
11	둥근머리탭핑 2종 나사	(스텐), M2.6x8	3	48	www.boltmall2.com
12	컬러플래트케이블	40PIN COLOR 1.27MM	1	3,500	www.ic114.com 제품 ID : P0031792
13	필라멘트	PLA(다양한 색상)	3인1롤		
	계			29,806	

[표 6] 무선제어 쉴드PCB 내역[SMD 부품실장]

	품명	사양	수량	단가	비고(쇼핑몰)
1	무선제어 선풍기 쉴드PCB	IoT-Motor Control PCB	1		linkbay.co.kr
2	Diode	MMSD4148T1G, SOD-123	1		D1
3	Temperature Sensor(option)	TMP36, SOT23-5	1		U2
4	Transister	MMBT2222A, SOT23	1		Q1
5	Resistor	1K, R2012	1		R1
6	Resistor	10K, R2012	1		R2
7	Resistor	4.7K, R2012	1		R3
8	Capacitor	100nF. C2012	1		C1

C. 회로도

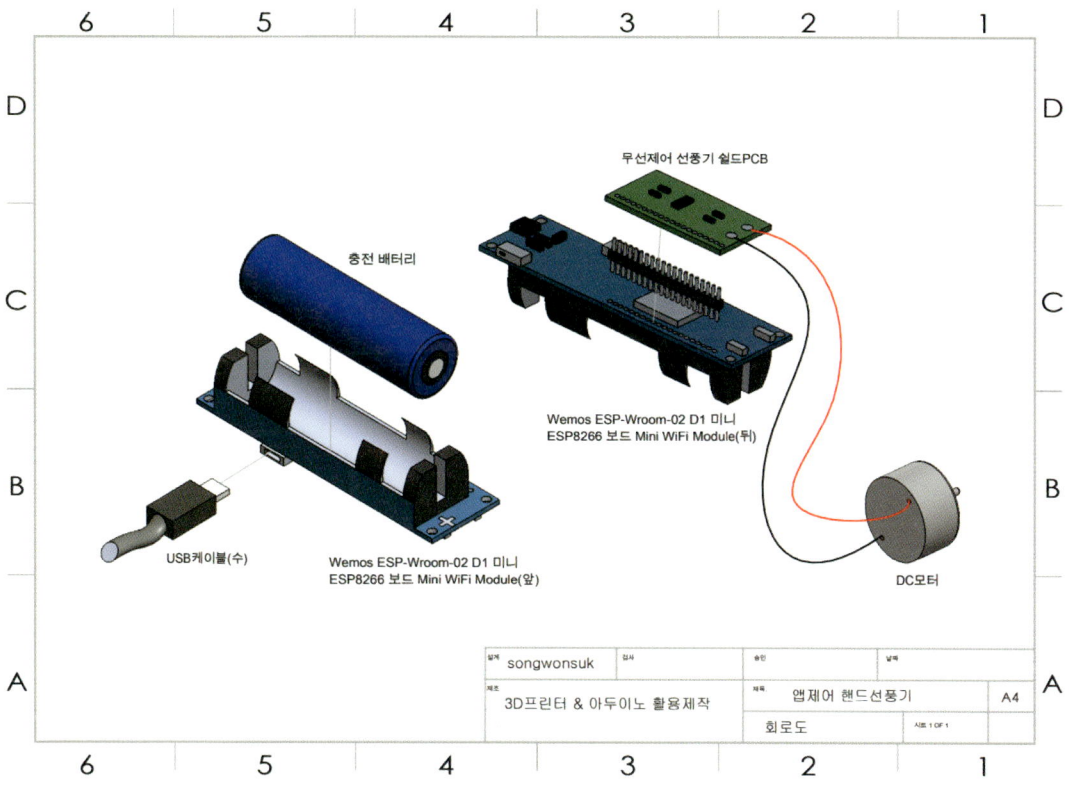

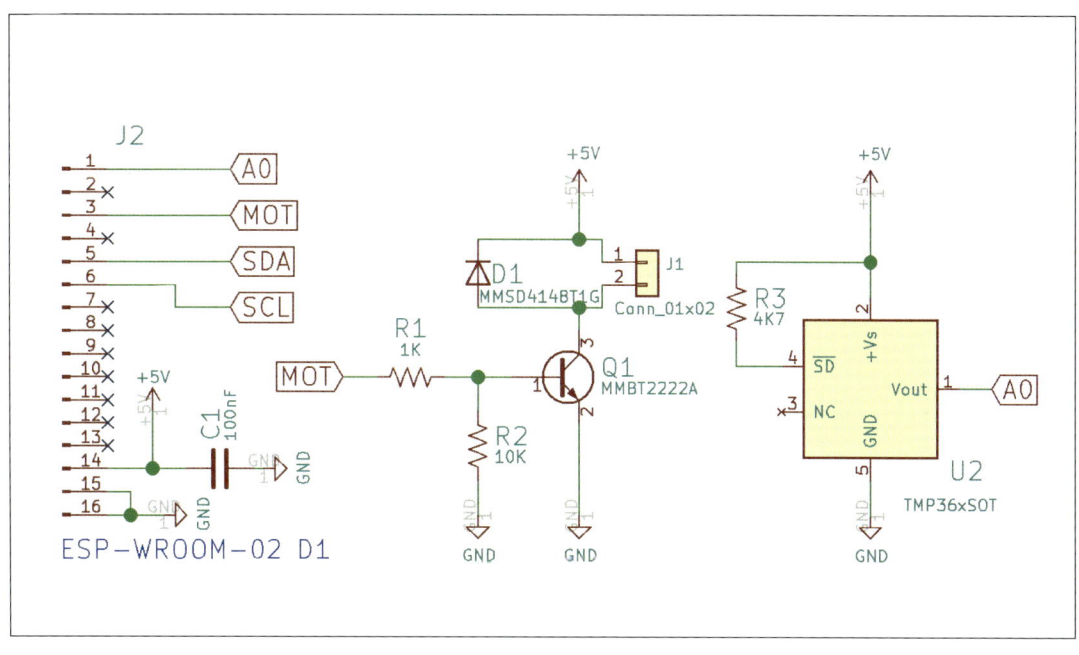

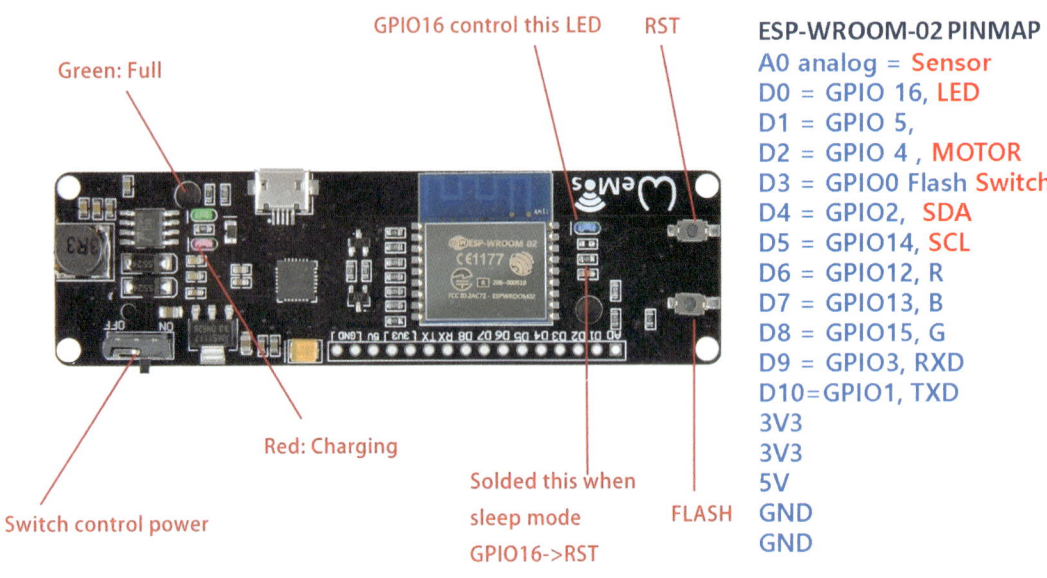

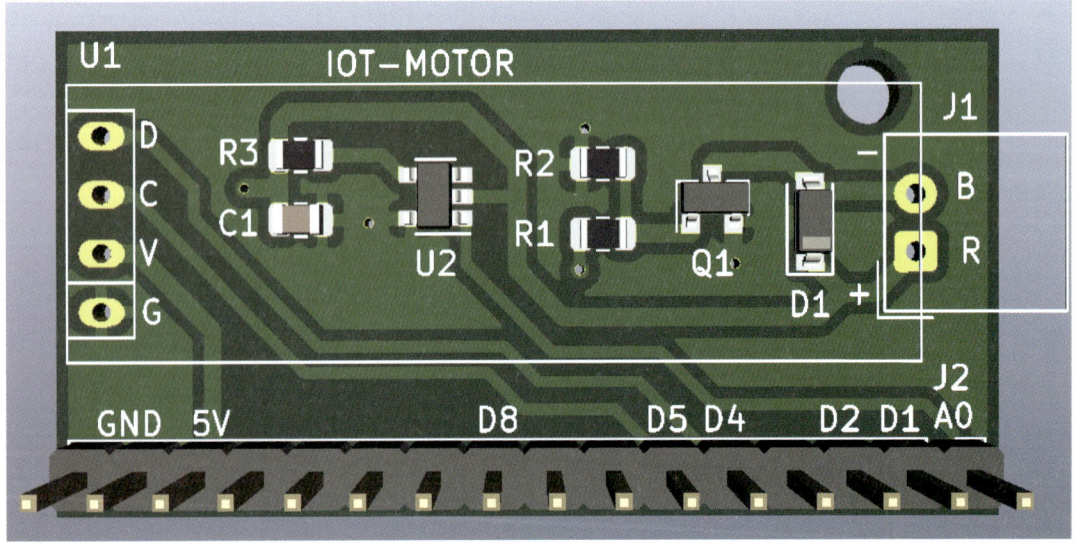

D. 제어 앱 코딩

1. 앱 만들기

1) 인벤터 사이트 회원 가입 및 이메일 확인
   https://appinventor.mit.edu/

2) 기능 정의
- 기능
  - WiFi로 모터 팬의 속도를 제어합니다.
  - 속도조절 단수는 1,2,3,꺼짐
- 입출력
  - 레이블에 제목 표시
  - 텍스트 박스에 192.168.4.1:8080
  - 버튼
- 컴포넌트
  - 레이블, 버튼, 텍스트 박스, 웹(연결)
- 리소스

2. 화면 디자인

3. 블록 코딩

언제 버튼1.클릭했을때
실행
- 지정하기 레이블1.텍스트 값 '속도-1단'
- 지정하기 버튼1.배경색 값 (초록)
- 지정하기 버튼2.배경색 값 (주황)
- 지정하기 버튼3.배경색 값 (주황)
- 지정하기 버튼OFF.배경색 값 (파랑)
- 지정하기 웹1.URL 값 합치기 'http://' / IP_Addr.텍스트 / '/action?type=1'
- 호출 웹1.가져오기

언제 버튼2.클릭했을때
실행
- 지정하기 레이블1.텍스트 값 '속도-2단'
- 지정하기 버튼1.배경색 값 (주황)
- 지정하기 버튼2.배경색 값 (초록)
- 지정하기 버튼3.배경색 값 (주황)
- 지정하기 버튼OFF.배경색 값 (파랑)
- 지정하기 웹1.URL 값 합치기 'http://' / IP_Addr.텍스트 / '/action?type=2'
- 호출 웹1.가져오기

언제 버튼3.클릭했을때
실행
- 지정하기 레이블1.텍스트 값 '속도-3단'
- 지정하기 버튼1.배경색 값 (주황)
- 지정하기 버튼2.배경색 값 (주황)
- 지정하기 버튼3.배경색 값 (초록)
- 지정하기 버튼OFF.배경색 값 (파랑)
- 지정하기 웹1.URL 값 합치기 'http://' / IP_Addr.텍스트 / '/action?type=3'
- 호출 웹1.가져오기

언제 버튼OFF.클릭했을때
실행
- 지정하기 레이블1.텍스트 값 '모터 꺼짐'
- 지정하기 버튼1.배경색 값 (주황)
- 지정하기 버튼2.배경색 값 (주황)
- 지정하기 버튼3.배경색 값 (주황)
- 지정하기 버튼OFF.배경색 값 (파랑)
- 지정하기 웹1.URL 값 합치기 'http://' / IP_Addr.텍스트 / '/action?type=0'
- 호출 웹1.가져오기

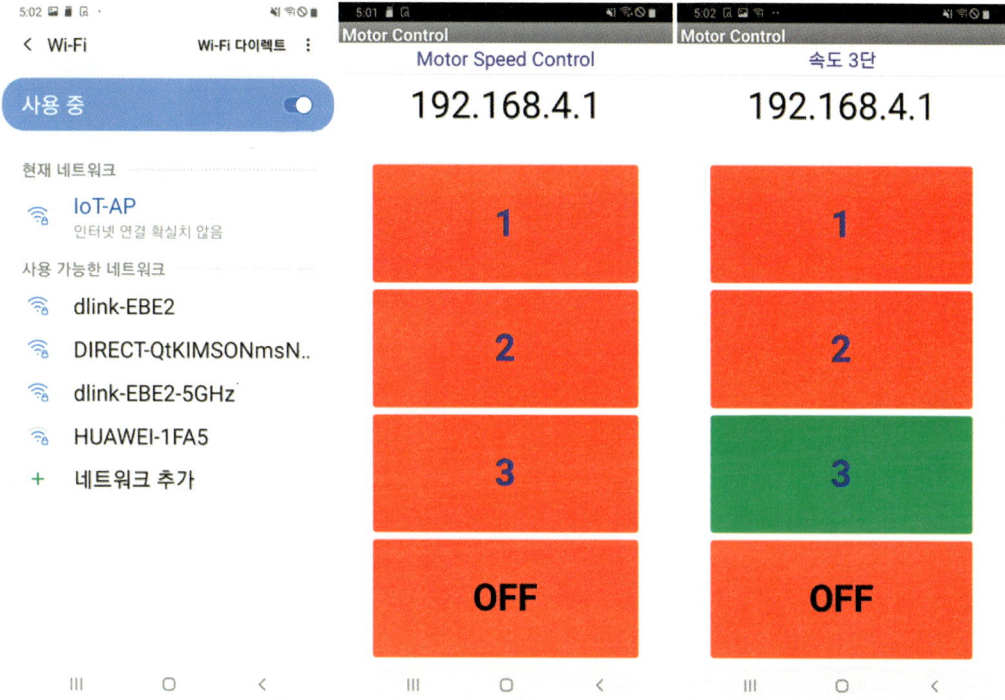

E. 아두이노 환경설정

1. 아두이노　　　　　　　　　　　　　　　　　　　　　　　　　　다운로드

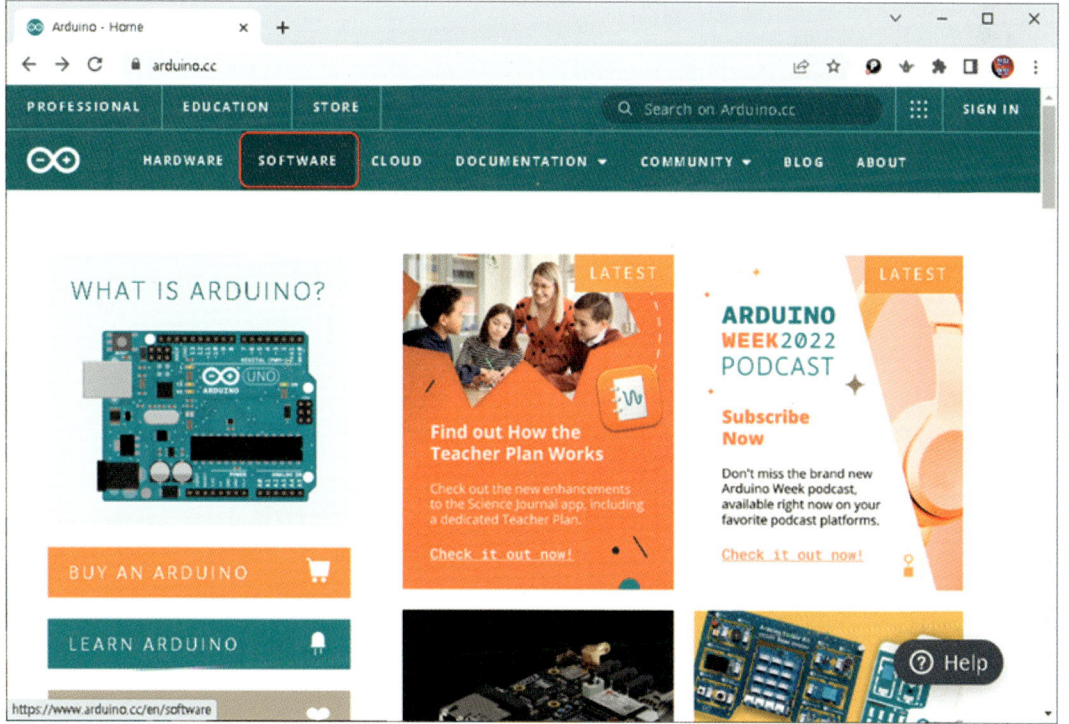

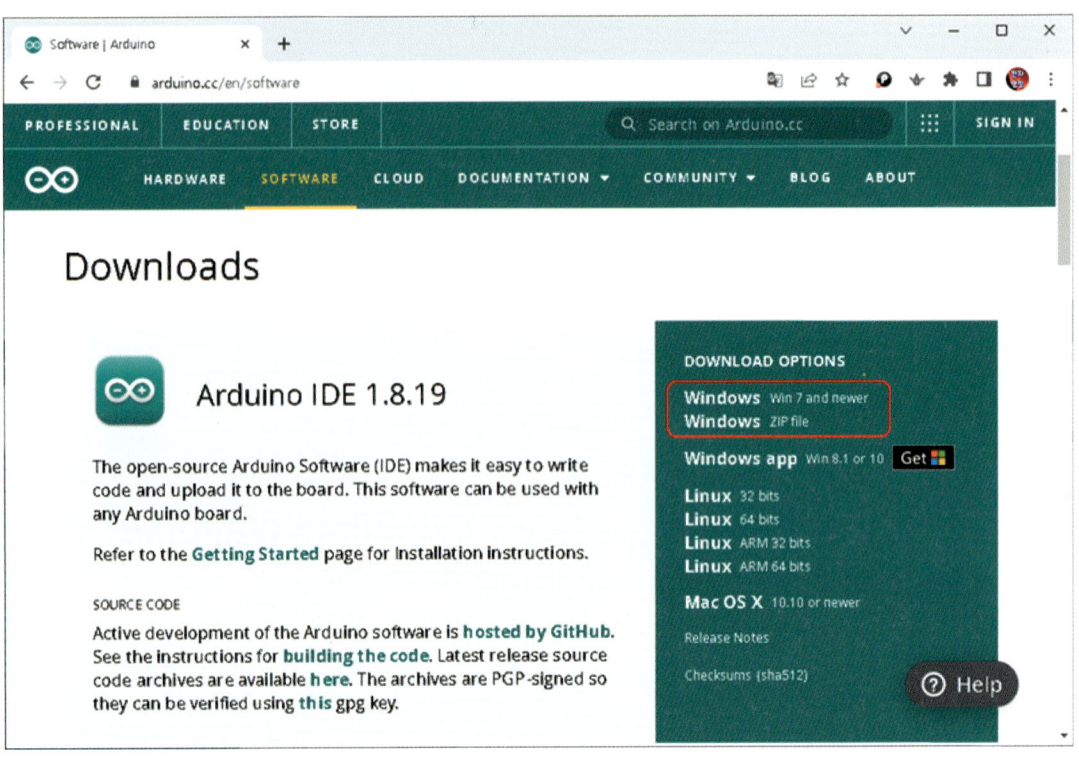

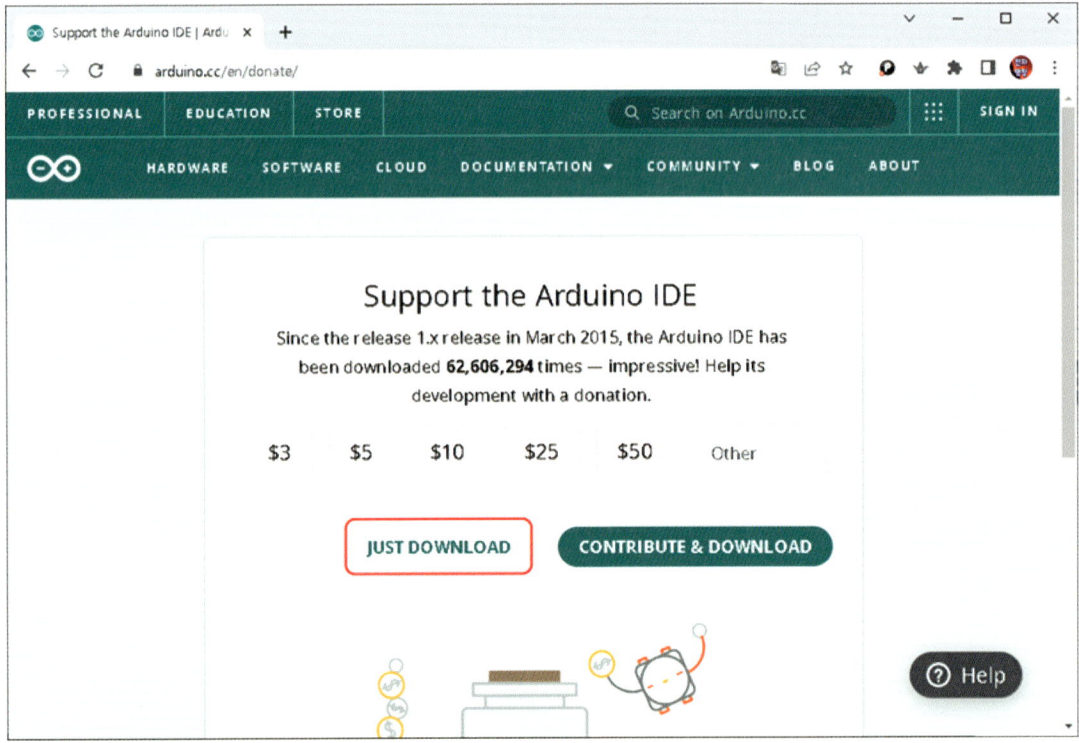

2. 아두이노 설치 및 환경설정

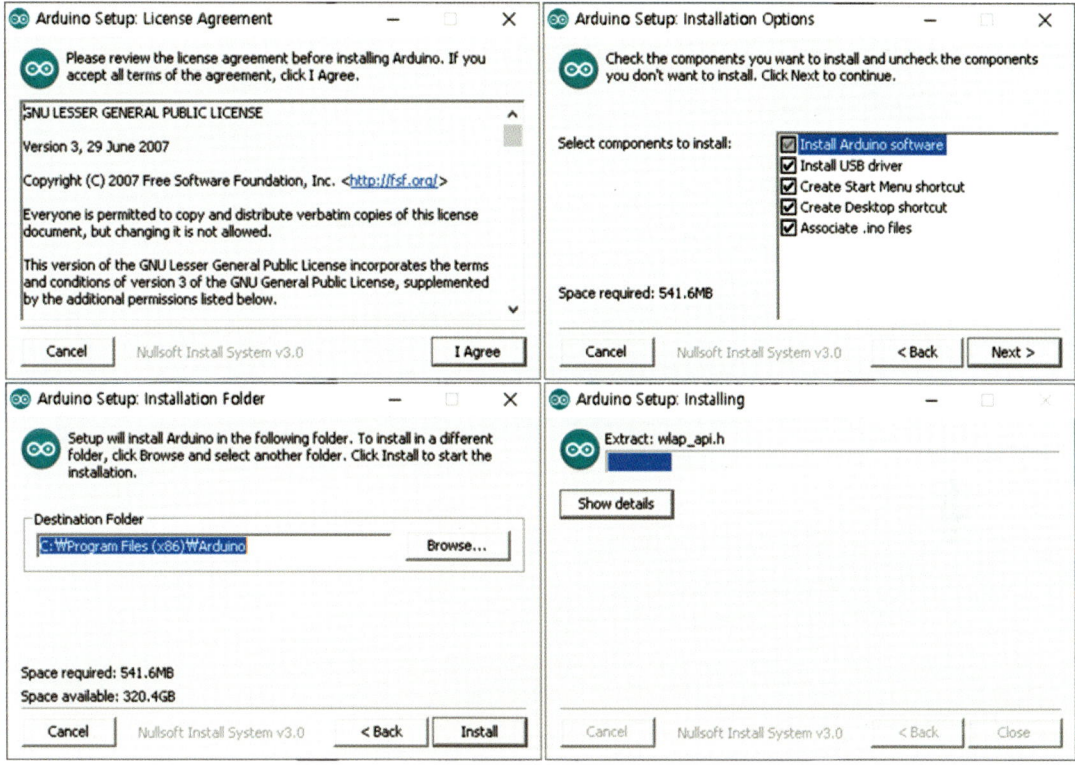

보드 매니저 URL : https://arduino.esp8266.com/stable/package_esp8266com_index.json

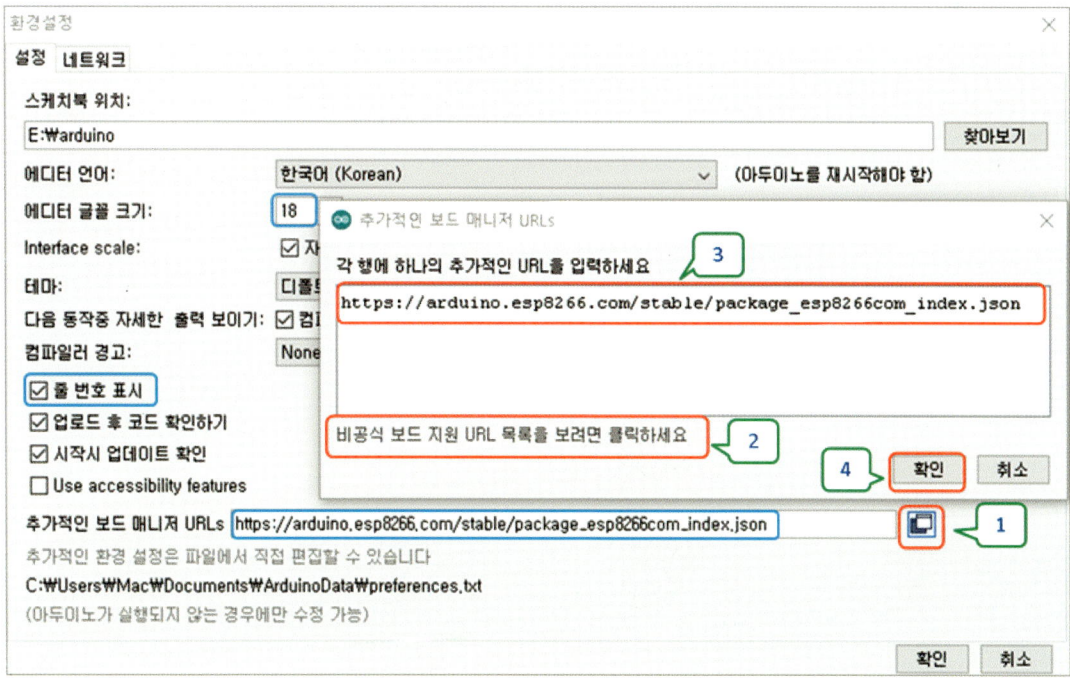

아두이노 보드 추가
툴/보드/보드매니저

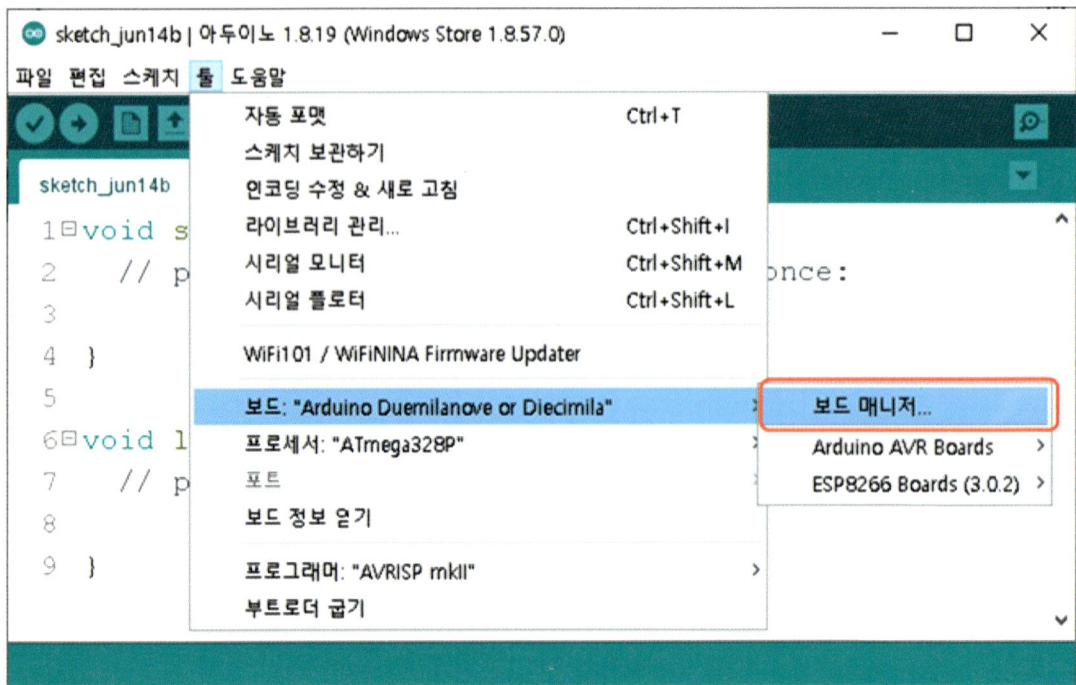

ESP8266 검색 후 설치

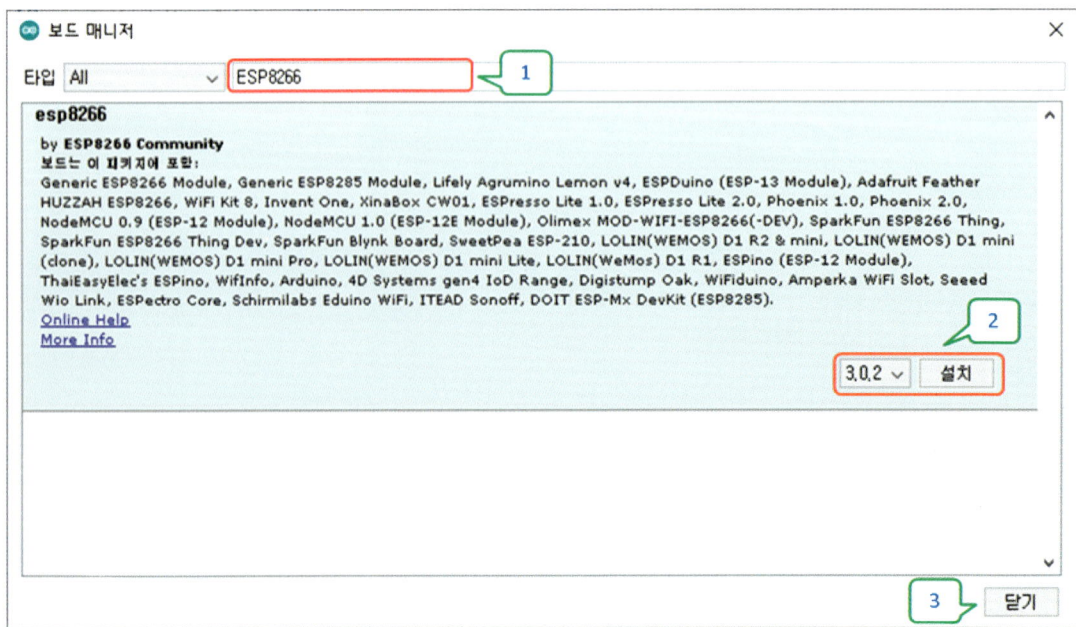

보드 선택 : LOLIN(WEMOS) D1 R2 & mini

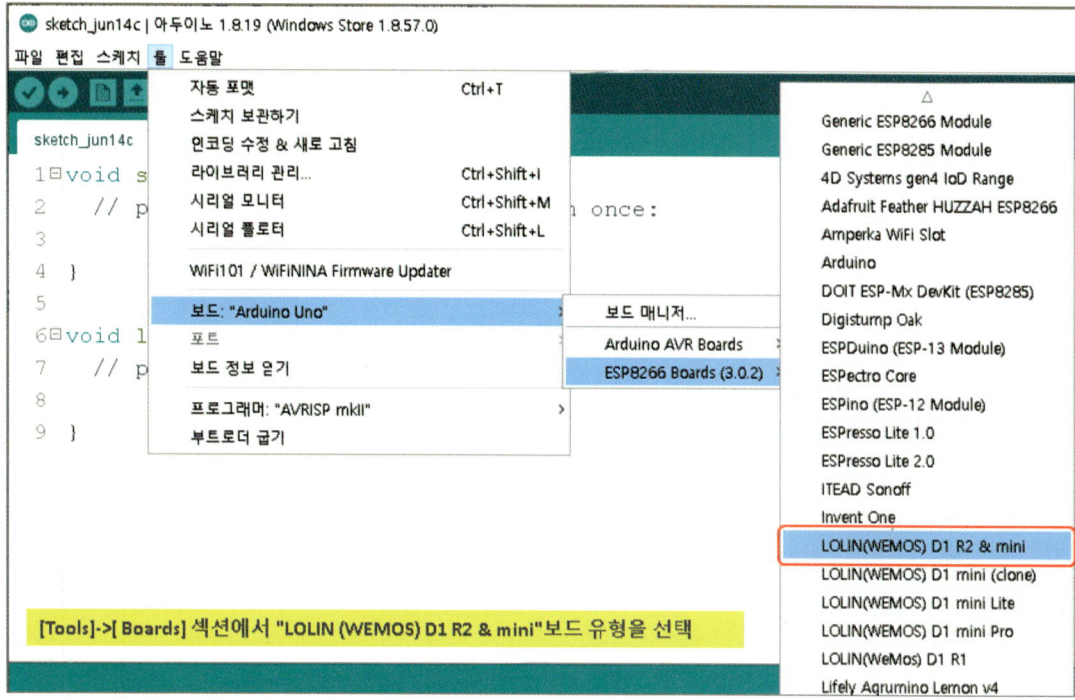

통신포트 선택

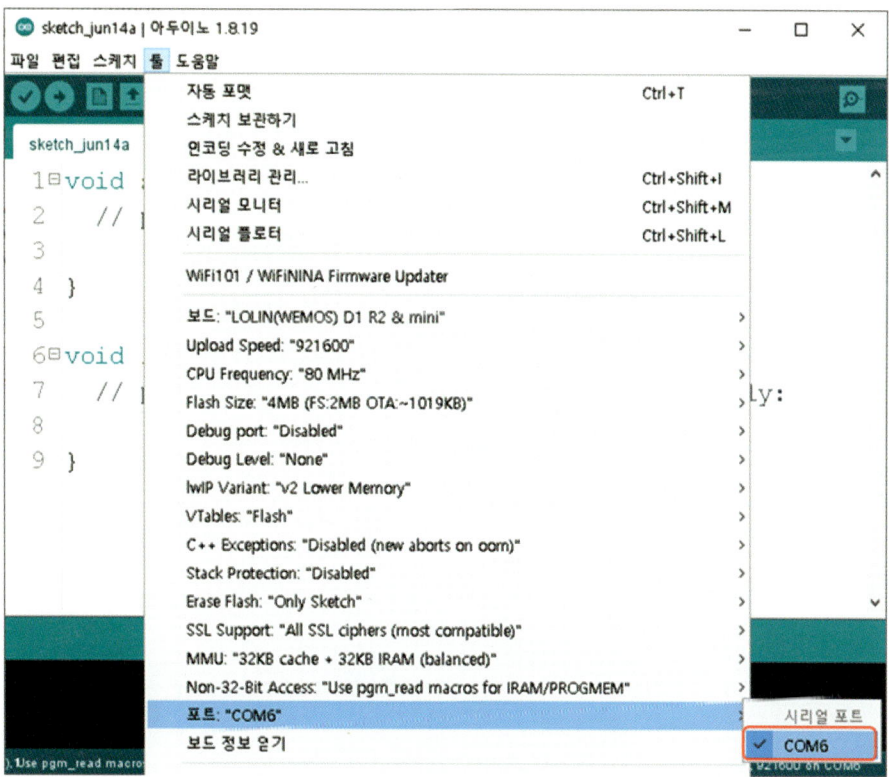

F. 아두이노 코딩

//가. 0TestLED

#include ⟨ESP8266WiFi.h⟩

#define LED_PIN   16   //16 pin of (D0)led

```
void setup() {
  pinMode(LED_PIN, OUTPUT);
  digitalWrite(LED_PIN, LOW); // Turn LED on LOW
}

void loop() {
}
```

//나. 1ledBlink LED 깜빡이기

#define LED_PIN   16   //16 (D0)led

```
void setup() {
  pinMode(LED_PIN, OUTPUT);
}

void loop() {
  digitalWrite(LED_PIN, LOW);   // LED on LOW
  delay(1000);
  digitalWrite(LED_PIN, HIGH);  // LED off HIGH
  delay(1000);
}
```

//다. 1millisLed.ino LED 1초마다 깜빡이기

```
#define LED_PIN    16   //16 (D0)led
bool X = LOW;

void setup() {
  pinMode(LED_PIN, OUTPUT);
}
```

```
void loop() {
  static unsigned long nextMil= millis() + 1000;

  if(millis() >= nextMil){
    nextMil= millis() + 1000;
    X = !X;
  }
  digitalWrite(LED_PIN, X);    // X is LED status
  delay(1);
}
```

//라. 2serialCount.ino 통신으로 카운트 출력

```
//#include <ESP8266WiFi.h>

#define LED_PIN    16 //16 (D0)led

bool X = LOW;
int Count = 0;

void setup() {
  pinMode(LED_PIN, OUTPUT);
  Serial.begin(9600);
}
void loop() {
  static unsigned long nextMil= millis() + 1000;

  if(millis() >= nextMil){
    nextMil= millis() + 1000;
    X = !X;
    Count++;
    Serial.print("C=");
    Serial.println(Count);
  }

  digitalWrite(LED_PIN, X);    // X is LED status
  delay(1);
}
```

//마. 3button LED.ino버튼 읽고 LED 출력

//#include <ESP8266WiFi.h>

```
#define LED_PIN    16 //16 (D0)led
#define SW_PIN    0   //0 (D3)

bool X = LOW;
int Count = 0;

void setup() {
  pinMode(LED_PIN, OUTPUT);
  Serial.begin(9600);
}
void loop() {
  static unsigned long nextMil= millis() + 1000;

  if(millis() >= nextMil){
    nextMil= millis() + 1000;
  }

  if(digitalRead(SW_PIN)==LOW){
    while(digitalRead(SW_PIN)!=HIGH){
      delay(5);
    }
    X = !X;
    Count++;
    Serial.println(Count);
  }
  digitalWrite(LED_PIN, X);   // X is LED status
  delay(1);
}
```

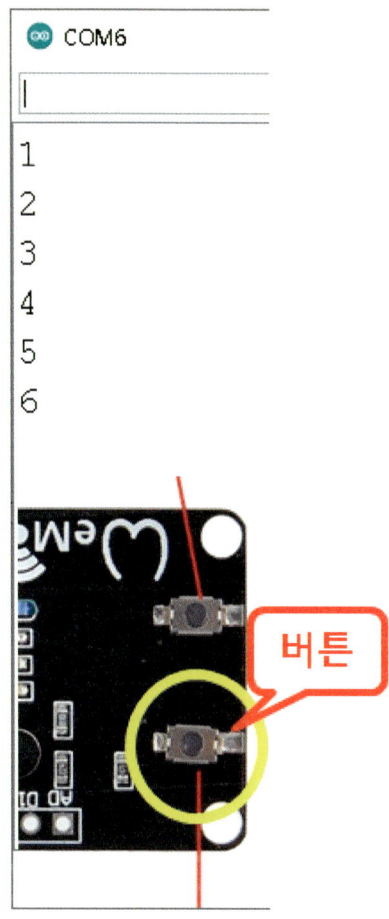

```
/*
WiFi 선풍기 FAN 속도제어 APP 프로젝트
Wifi FAN controlled by a web server in AP Mode.
H/W : ESP-WROOM-02 D1
A0  Sensor
D0  16 LED PULLUP 10K
D1  5
D2  4 Motor
D3  0 FLASH Button
D4  2   (SDA)
D5  14  (SCL)
*/

#include <ESP8266WiFi.h>
#include <ESP8266WebServer.h>
```

```cpp
// pin settings
#define LED_PIN    16  //D0
#define MOT_PIN    4   //D2

// WiFi settings
const char *ssid     = "WiFi-FAN"; // for AP mode SSID
const char *password = "12345678"; // for AP mode PSWD

IPAddress localIp(192, 168, 4, 1); //IP for AP mode
IPAddress netMask(255, 255, 255, 0); //IP for AP mode
const int port = 8080; // Port
ESP8266WebServer server(port);

int motor_speed = 990;//motor speed 1023
unsigned char CMD = 0; //

// initialize
void setup() {
  WiFi.mode(WIFI_AP);
  WiFi.softAPConfig(localIp, localIp, netMask);
  WiFi.softAP(ssid, password);

  Serial.begin(9600);
  //Serial.println("Wifi Control");

  pinMode(LED_PIN, OUTPUT);
  pinMode(MOT_PIN, OUTPUT);

  //digitalWrite(LED_PIN, HIGH);
  //digitalWrite(MOT_PIN, LOW);

  //server.on("/move", HTTP_GET, handleMoveRequest);
  server.on("/action", HTTP_GET, handleActionRequest);
  server.onNotFound(handleNotFound);
  server.begin();
}

// handle HTTP requests and arduino control
```

```
void loop() {
  server.handleClient();
  ardu_action();
  delay(1);
}

void handleActionRequest() {
  if (!server.hasArg("type")) {
    server.send(404, "text / plain", "Action: undefined");
    return;
  }
  String type = server.arg("type");
  if (type.equals("1")) {
    CMD = 1;// TODO : Action 1
    server.send(200, "text / plain", "Action 1");
  }
  else if (type.equals("2")) {
    CMD = 2;// TODO : Action 2
    server.send(200, "text / plain", "Action 2");
  }
  else if (type.equals("3")) {
    CMD = 3;// TODO : Action 3
    server.send(200, "text / plain", "Action 3");
  }
  else if (type.equals("0")) {
    CMD = 0;// TODO : Action 0
    server.send(200, "text / plain", "Action 0");
  }
  else {
    server.send(404, "text / plain", "Action: undefined");
  }
}

void handleNotFound() {
  //Serial.println("Page error");
  server.send(404, "text/plain", "404: Not found");
}
```

```
// control mode select
void ardu_action() {
  switch (CMD) {
    case 0: // all off
      digitalWrite(LED_PIN, LOW);
      analogWrite(MOT_PIN, 0);
      break;

    case 1: // MOTOR On
      digitalWrite(LED_PIN, HIGH);
      analogWrite(MOT_PIN, 300);
      break;

    case 2: // MOTOR On
      digitalWrite(LED_PIN, HIGH);
      analogWrite(MOT_PIN, 600);
      break;
    case 3: // MOTOR On
      digitalWrite(MOT_PIN, HIGH);
      analogWrite(MOT_PIN, 1000);
      break;

    default : // MOTOR Off
      //digitalWrite(LED_PIN, HIGH);
      //digitalWrite(MOT_PIN, LOW);
      break;
  }
}
```

*github 자료 참조
https://github.com/copaland/ESP8266_PROJECT

G. 블록 코딩

blocky 기반의 블록 코딩 프로그램으로 https://wiki.keyestudio.com/Mixly_Projects 설명 참조

가. keyestudio 위키 사이트에 접속
   https://wiki.keyestudio.com/Getting_Started_with_Mixly1.2

나. 프로그램 다운로드
   다음 링크에는 두 가지 종류의 설치 패키지가 제공됩니다.
   Win 7/8/10 : http://8.210.52.206/Mixly/Windows/Mixly_WIN%20v1.2.0.7z
   Mac : http://8.210.52.206/Mixly/Mac/Mixly_Mac%20v1.2.0.zip

다. 패키지 압축을 풀고 "Mixly 1.2 for keyestudio" 폴더 내의 Mixly.bat 실행하면 됩니다.

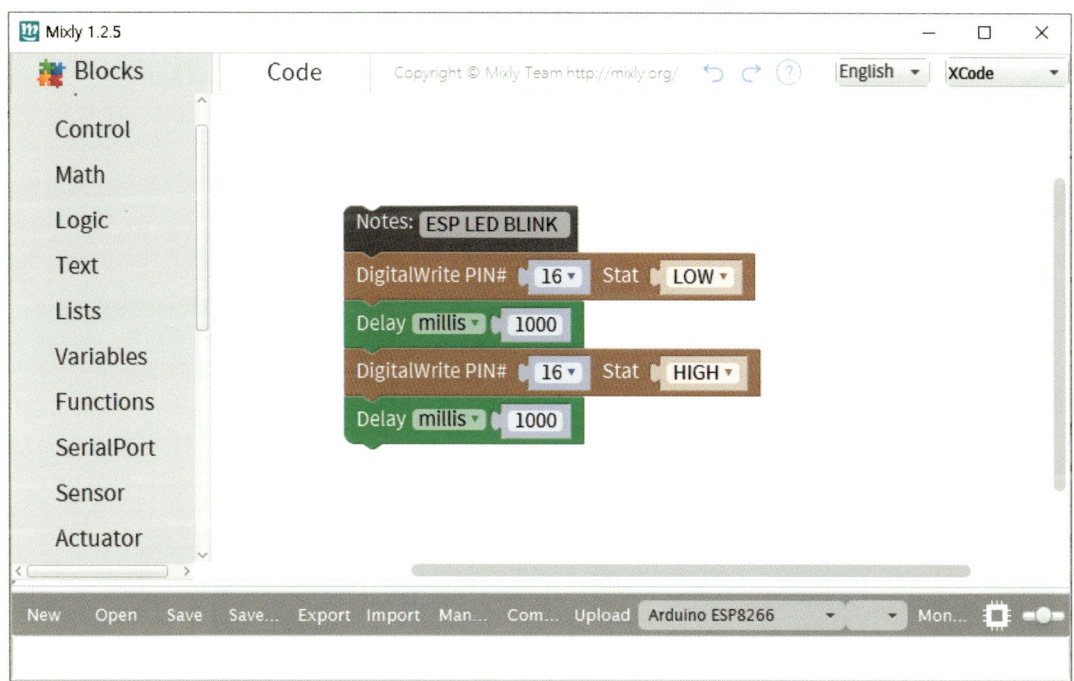

라. C:\Mixly\Mixly 1.2 for keyestudio\sample\arduino\Arduino\01 IN-OUT\01-LED Blink.mix

마. 보드 선택(ESP8266) 및 COM 포트 맞추고 upload하여 프로그램 합니다.

바. 프로젝트 라이브러리 ESP8266KIKI 포함하기 – esp8266kiki.zip 다운로드 및 압축 풀기

https://github.com/copaland/ESP8266_PROJECT/tree/main/Mixly_Company_Extend/esp8266kiki

Import/Local Import

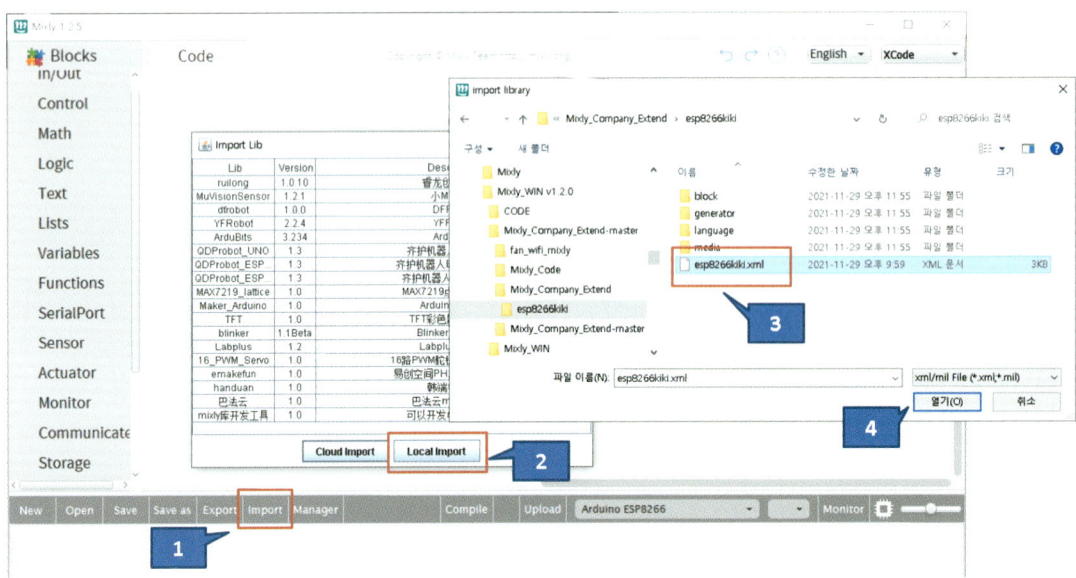

사. FAN Speed Control 블록 코드

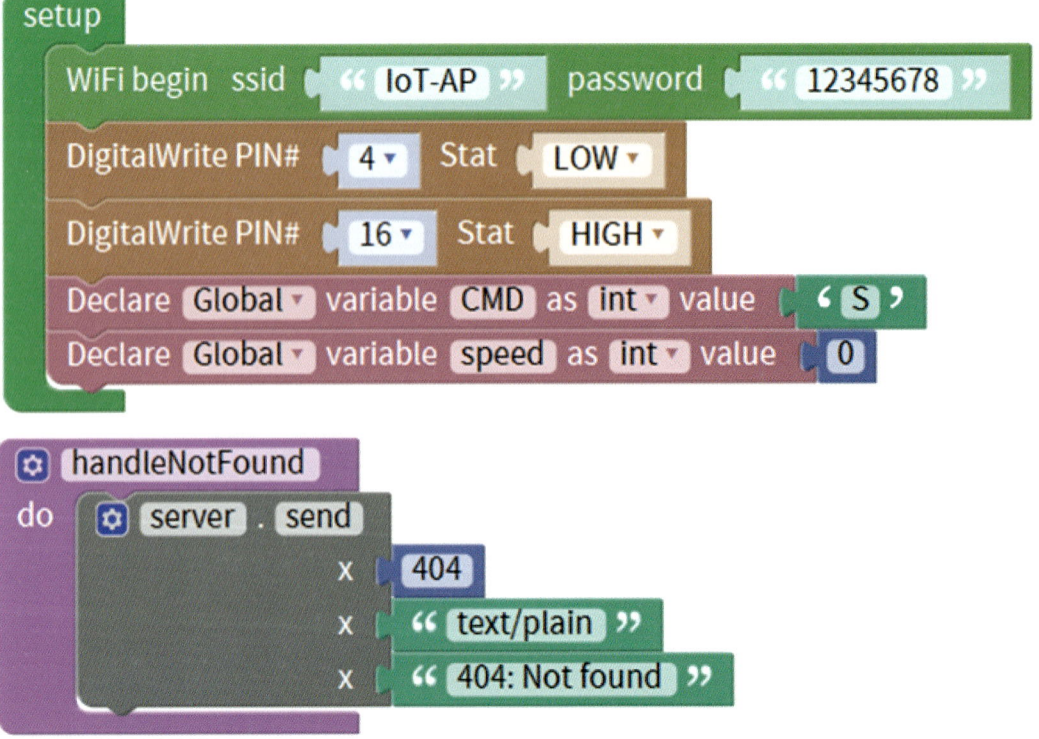

```
handleActionRequest
do  if  not  server.hasArg x "type"
    do  server.send x 404
                    x "text/plain"
                    x "Action: undefined"
        return
    Declare Local variable type as string value  server.arg x "type"
    if  type.equals x "1"
    do  server.send x 200 x "text/plain" x "Action 1"
        speed value 1
    else if  type.equals x "2"
    do  server.send x 200 x "text/plain" x "Action 2"
        speed value 2
    else if  type.equals x "3"
    do  server.send x 200 x "text/plain" x "Action 3"
        speed value 3
    else if  type.equals x "0"
    do  server.send x 200 x "text/plain" x "Action 0"
        speed value 0
    else  server.send x 404 x "text/plain" x "Undefined"
```

```
fan_speed
do  switch  speed
    case  0
        DigitalWrite PIN# 16  Stat  LOW
        AnalogWrite PIN# 4  value  0
    case  1
        DigitalWrite PIN# 16  Stat  HIGH
        AnalogWrite PIN# 4  value  400
    case  2
        DigitalWrite PIN# 16  Stat  HIGH
        AnalogWrite PIN# 4  value  700
    case  3
        DigitalWrite PIN# 16  Stat  HIGH
        AnalogWrite PIN# 4  value  1000

server.handleClient
do  fan_speed
Delay millis  1
```

아. Port 번호 맞추고 Upload하여 프로그램

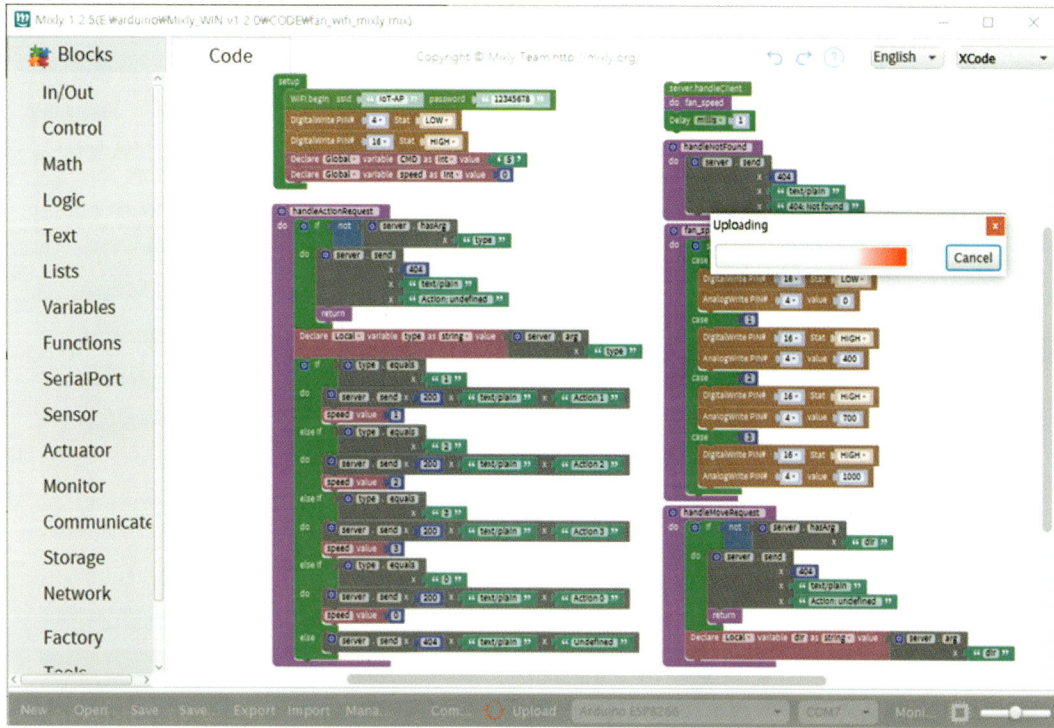

자. Save as에서 .mix 또는 .ino파일로 저장

H. 설계 도면

1. 조립 등각도

2. 분해도

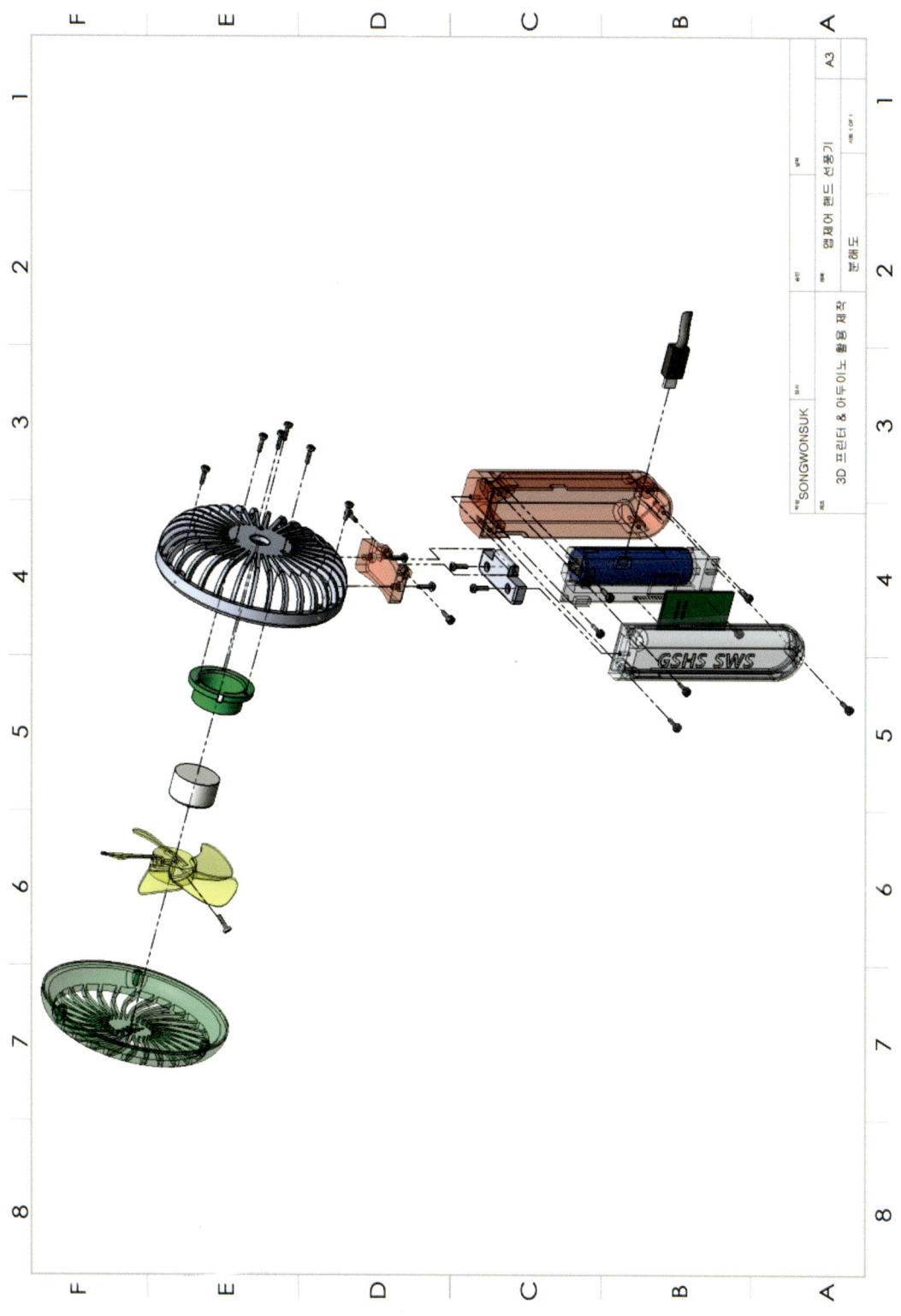

3. 조립도

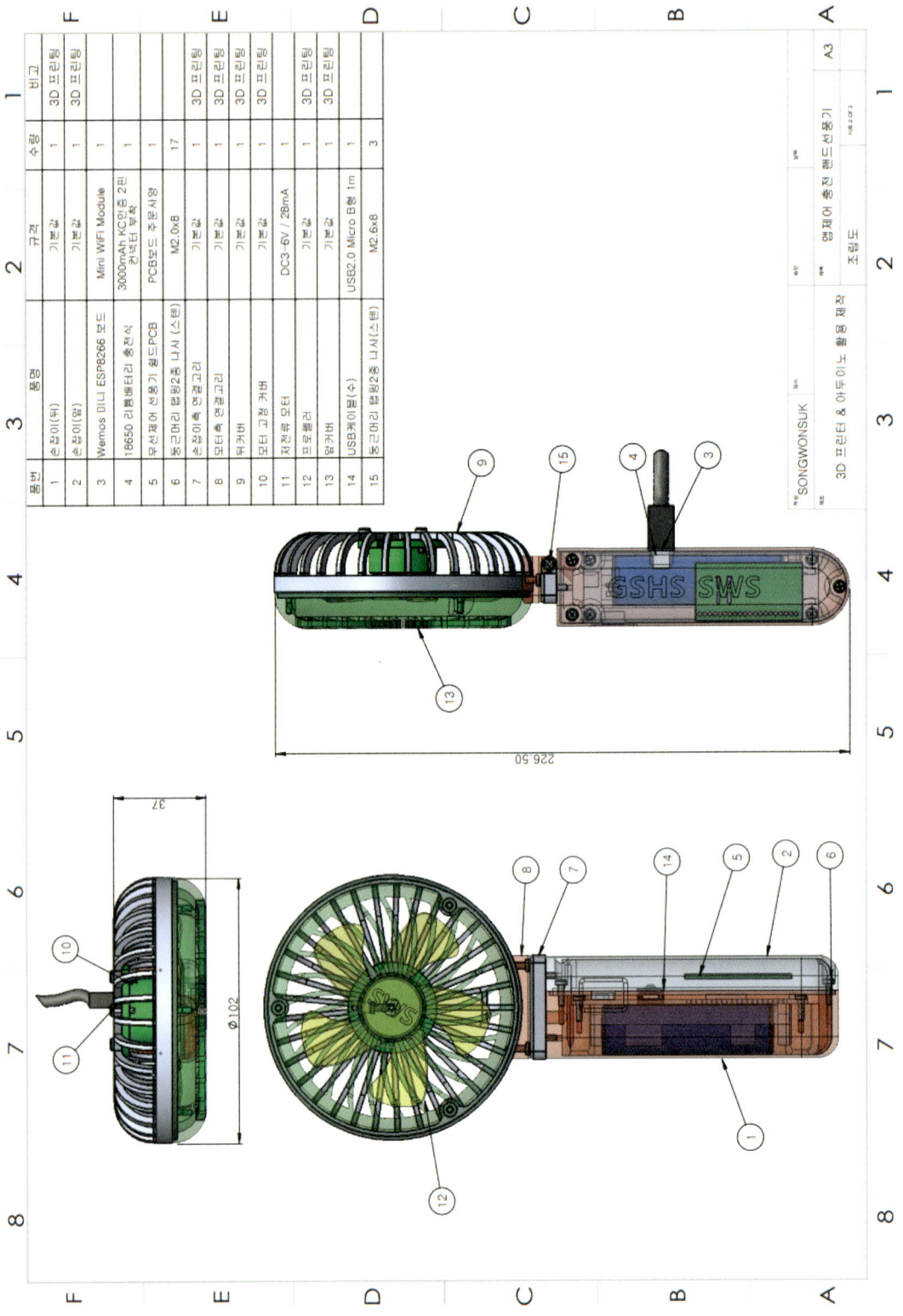

4. 부품도

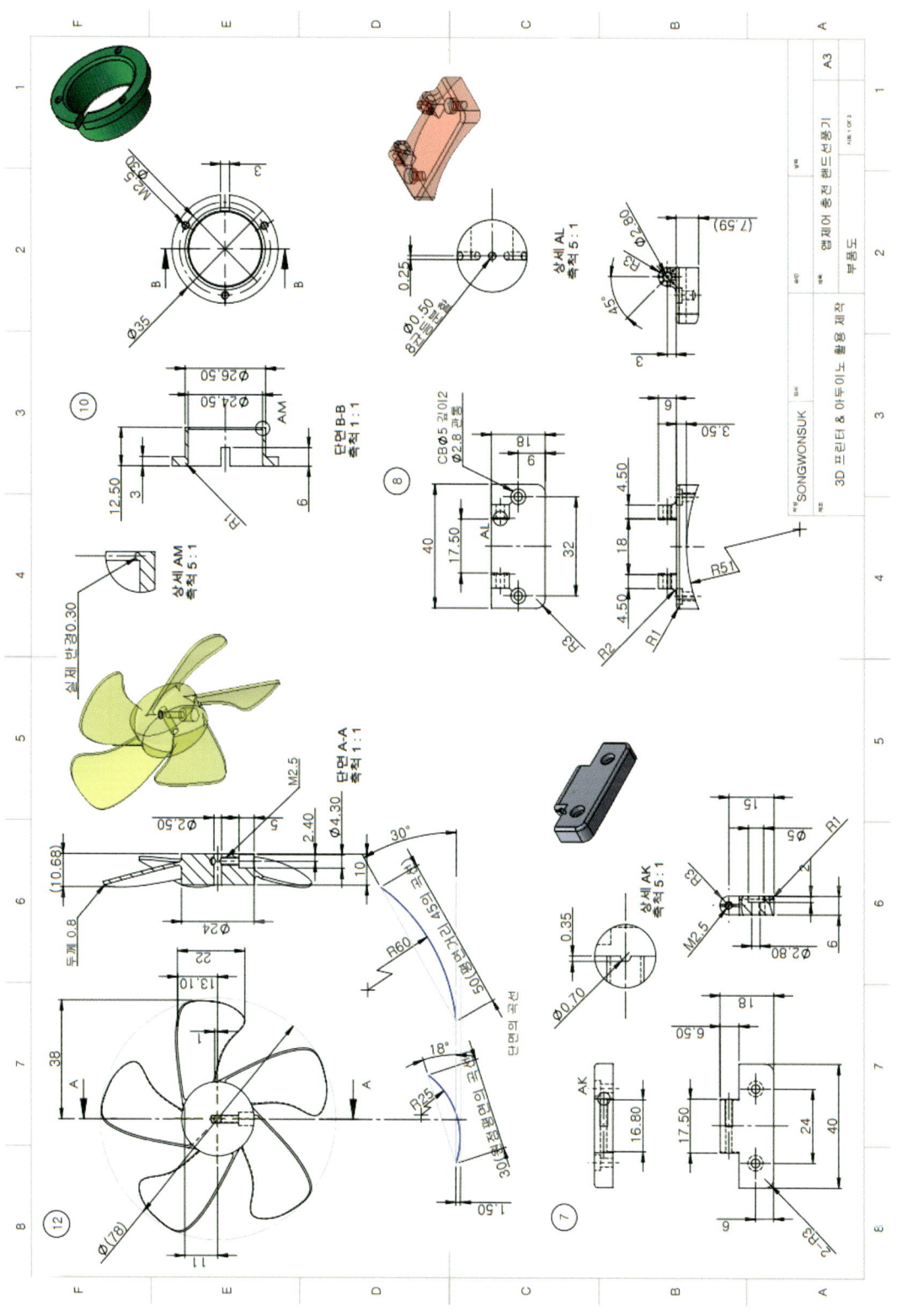

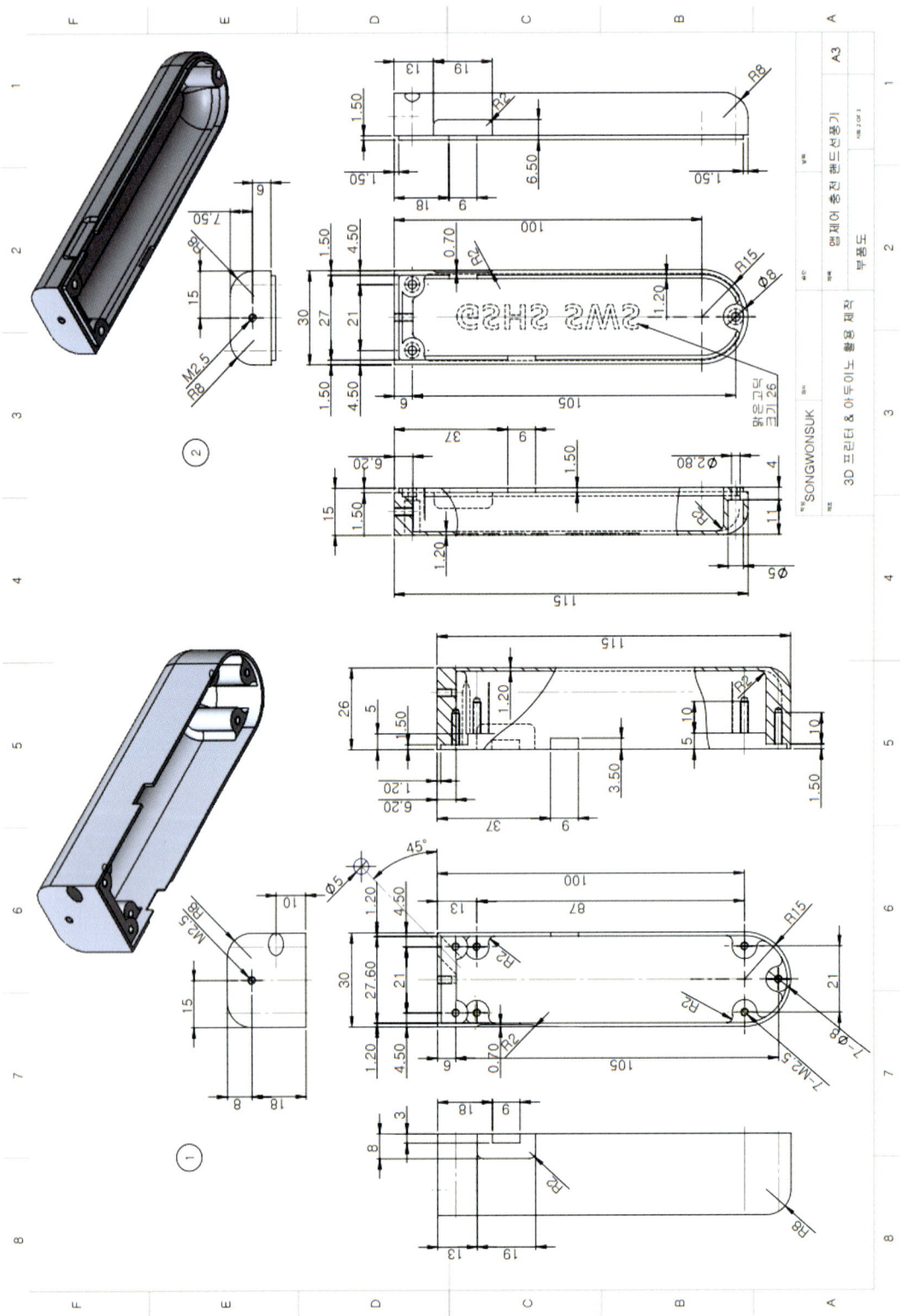

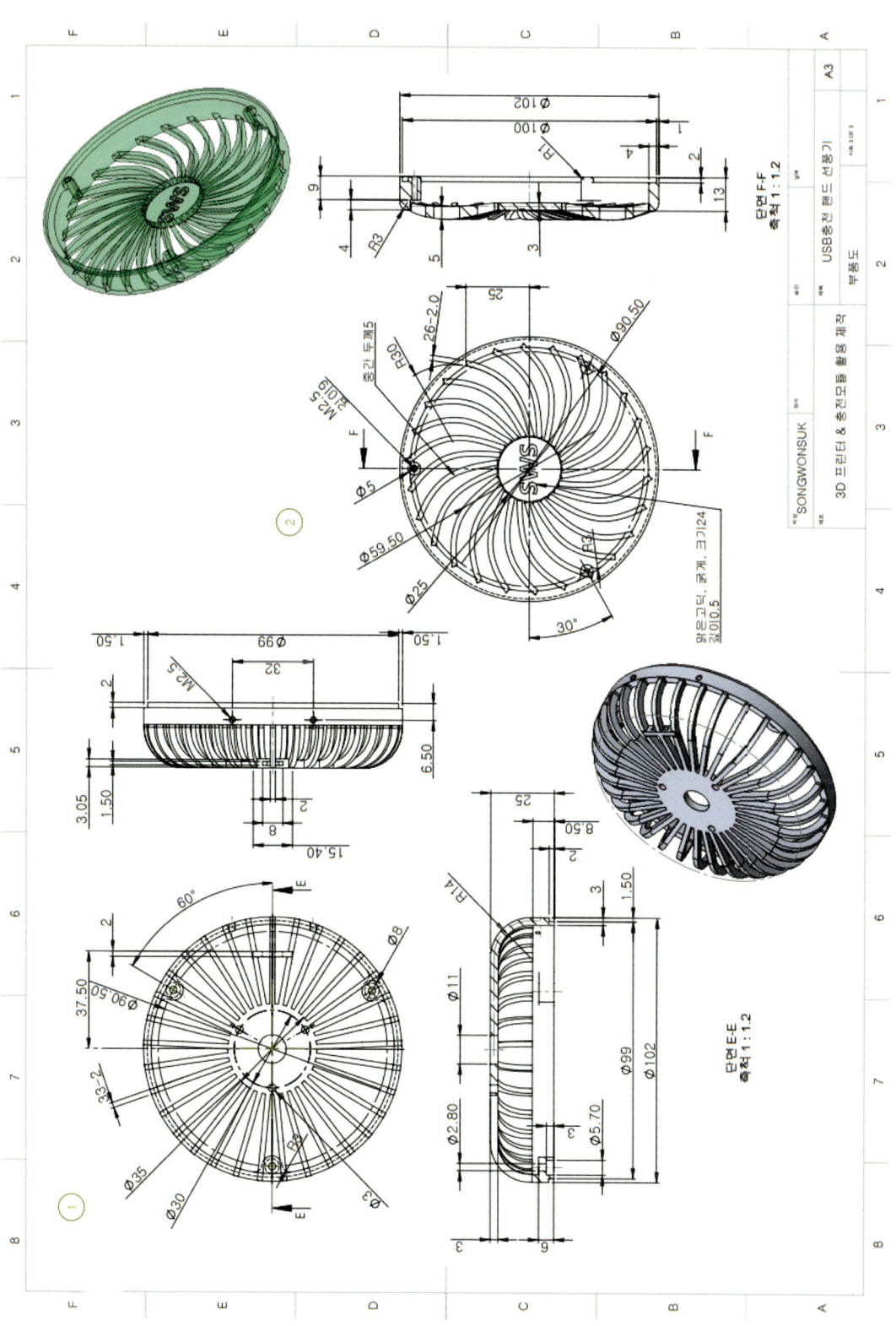

I. 3D모델링 및 3D프린팅

1. 부품

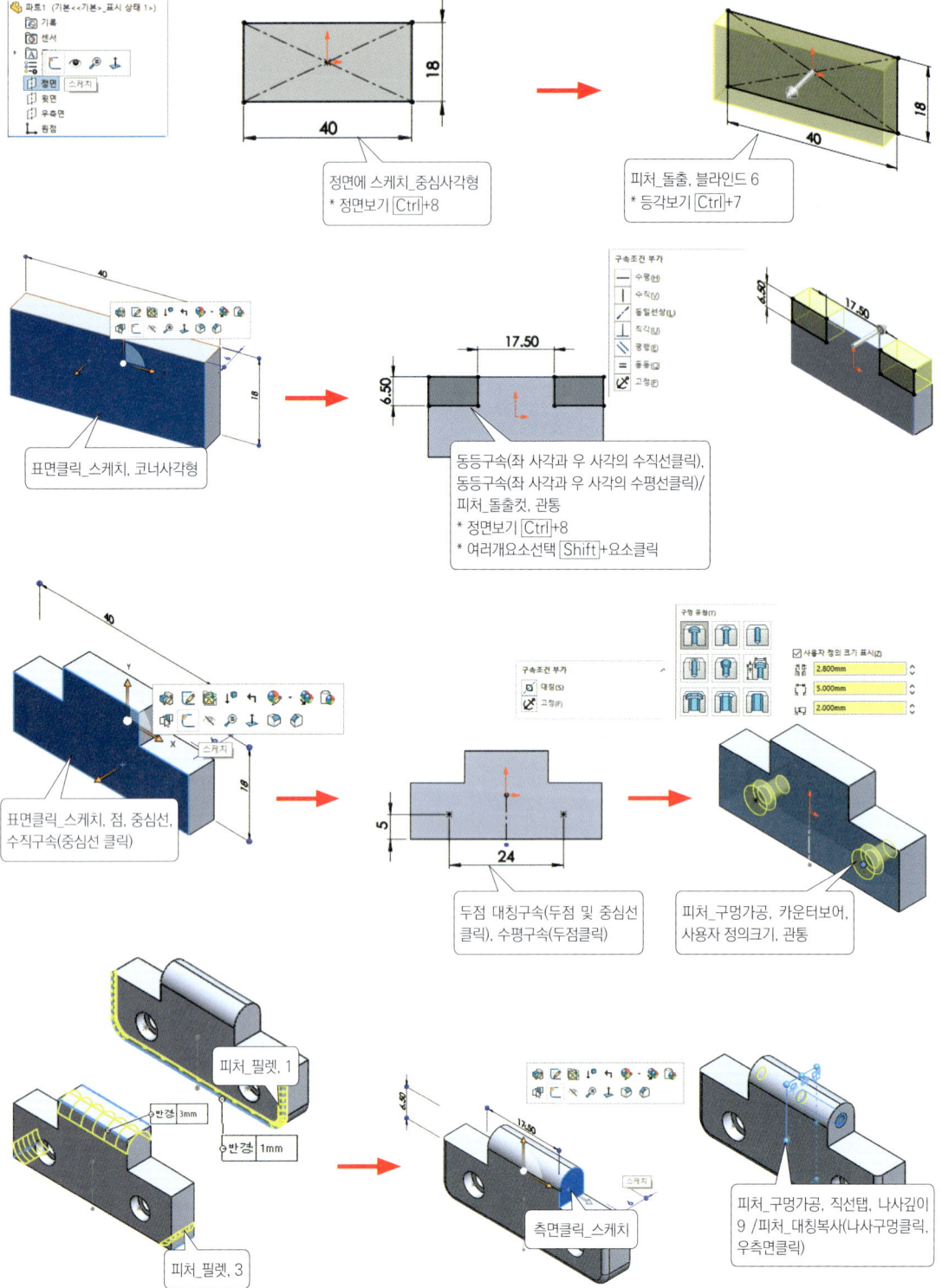

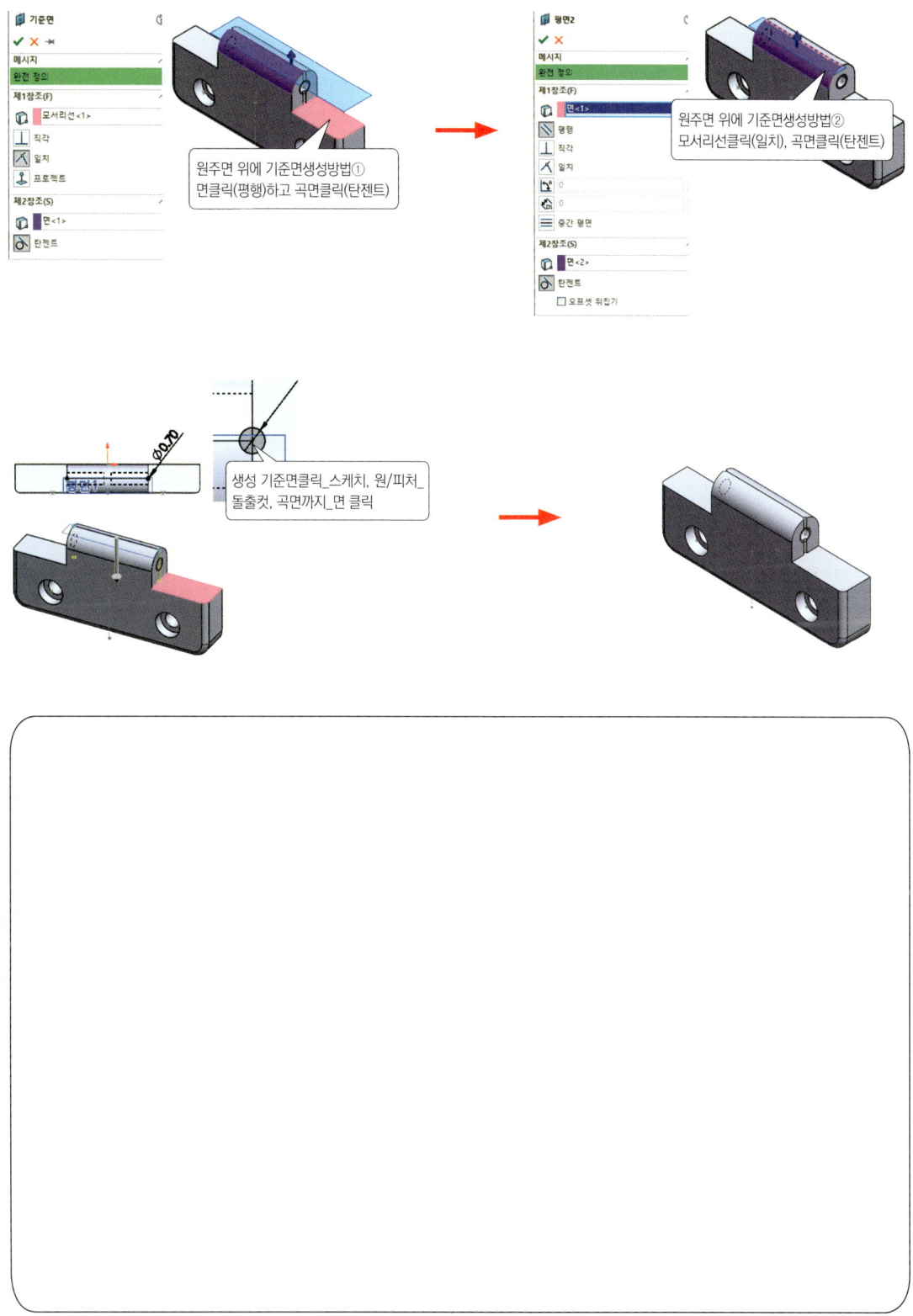

STL파일로 저장하기

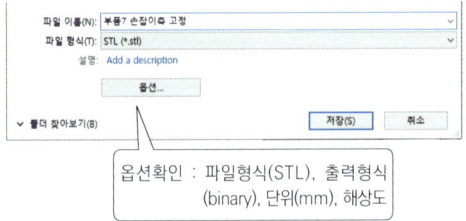

옵션확인 : 파일형식(STL), 출력형식 (binary), 단위(mm), 해상도

STL파일 슬라이싱 및 G-code 파일로 저장하기

[프린터 설정 : Cubicon Style Plus-A15]

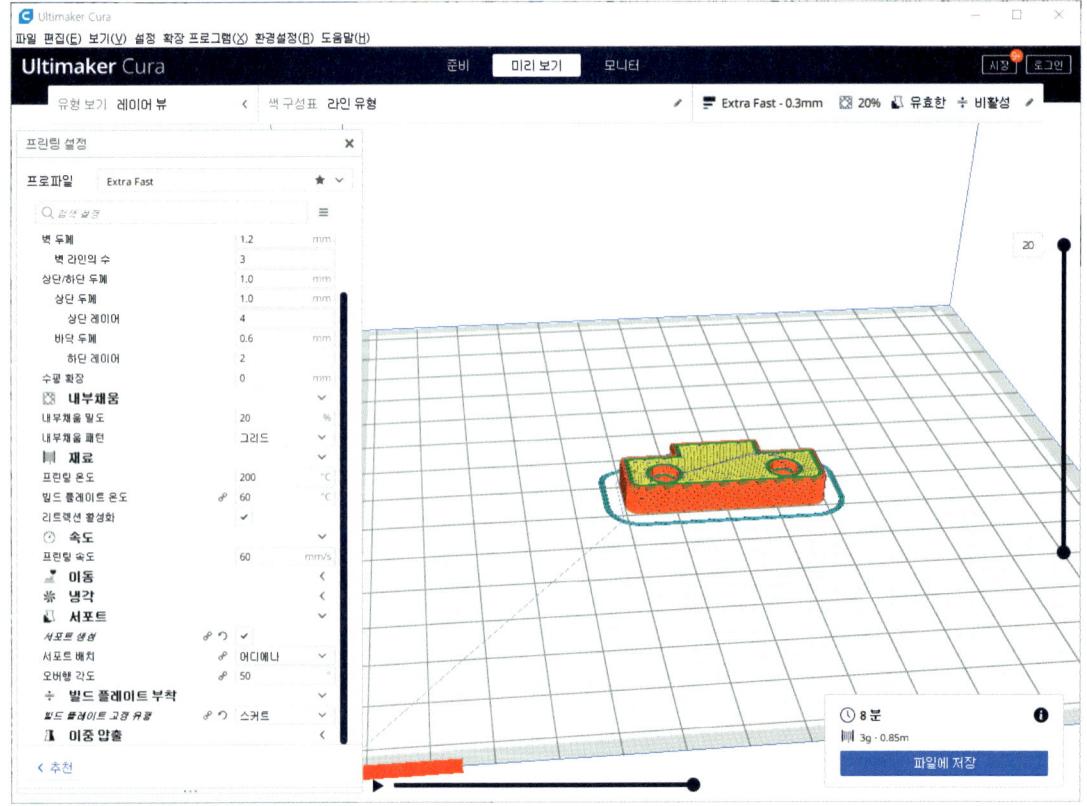

2. 부품

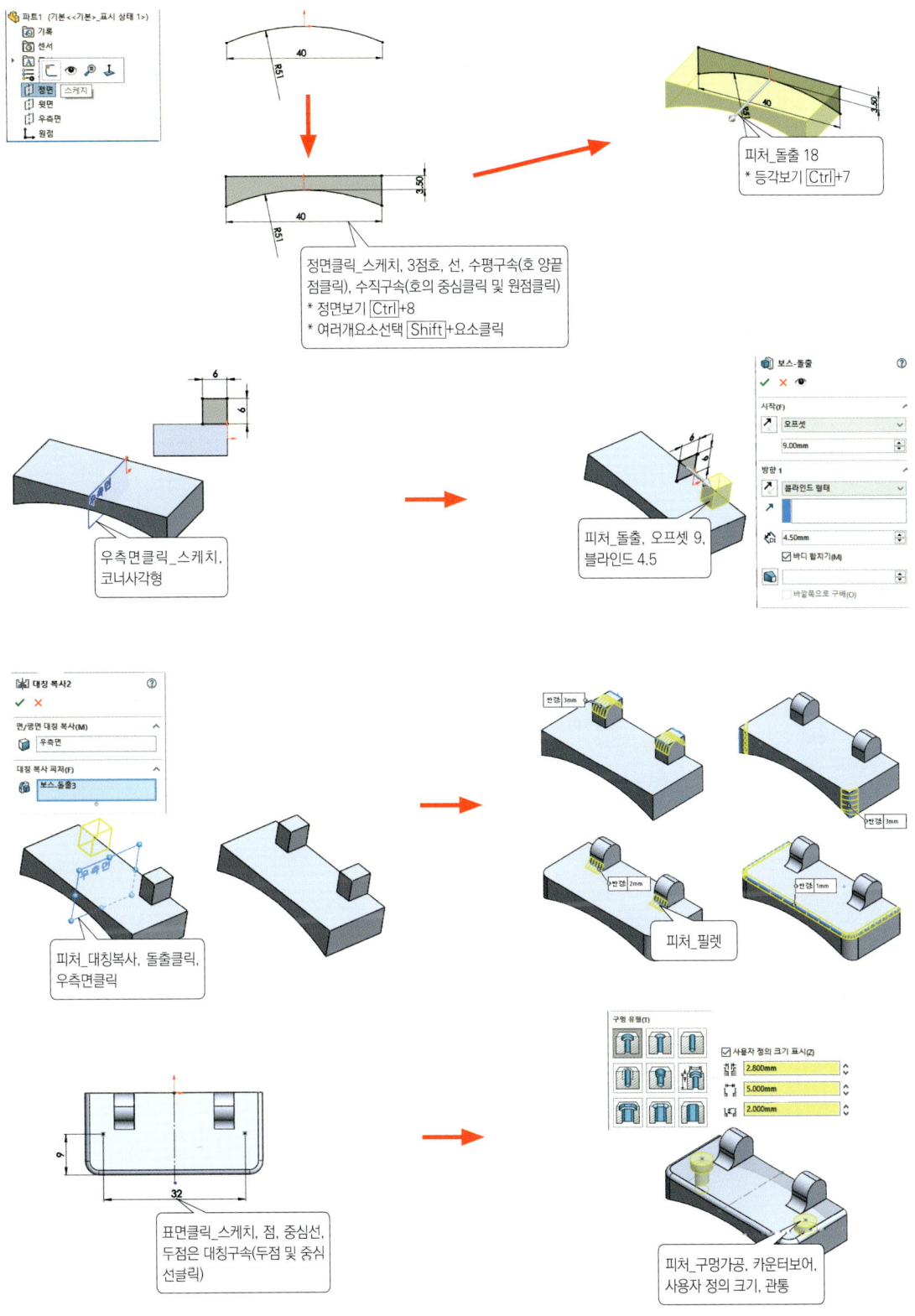

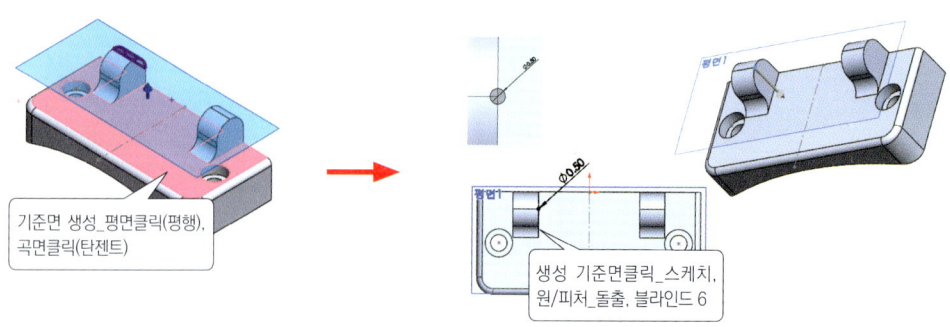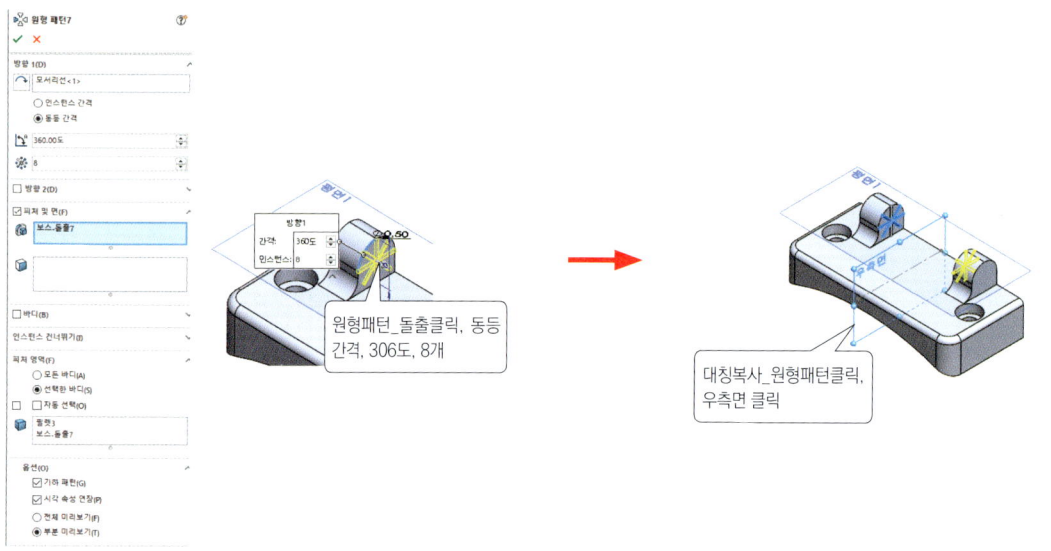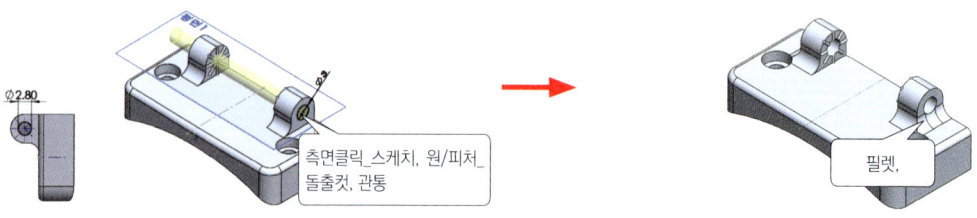

STL파일로 저장하기

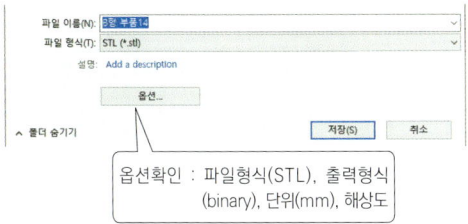

옵션확인 : 파일형식(STL), 출력형식
(binary), 단위(mm), 해상도

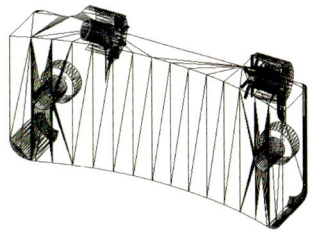

STL파일 슬라이싱 및 G-code 파일로 저장하기

[프린터 설정 : Cubicon Style Plus-A15]

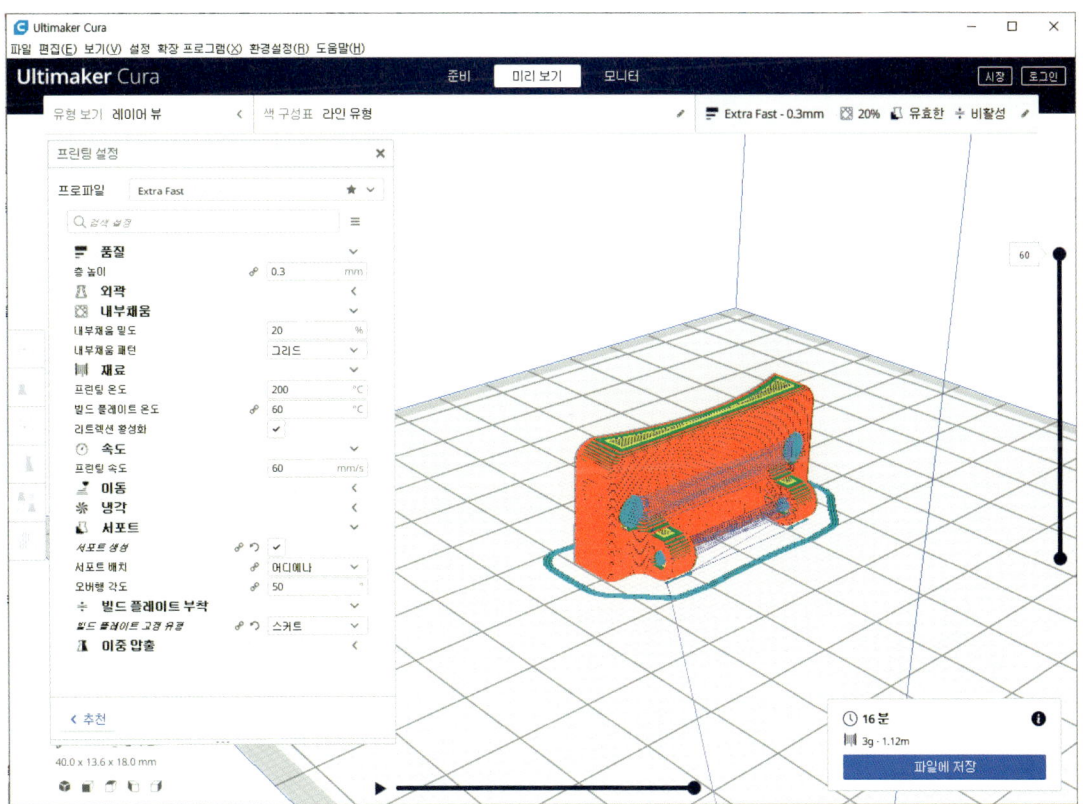

3. 부품

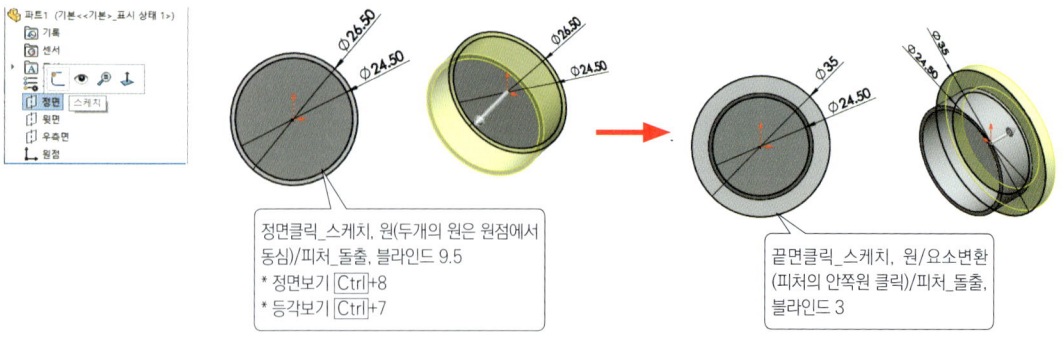

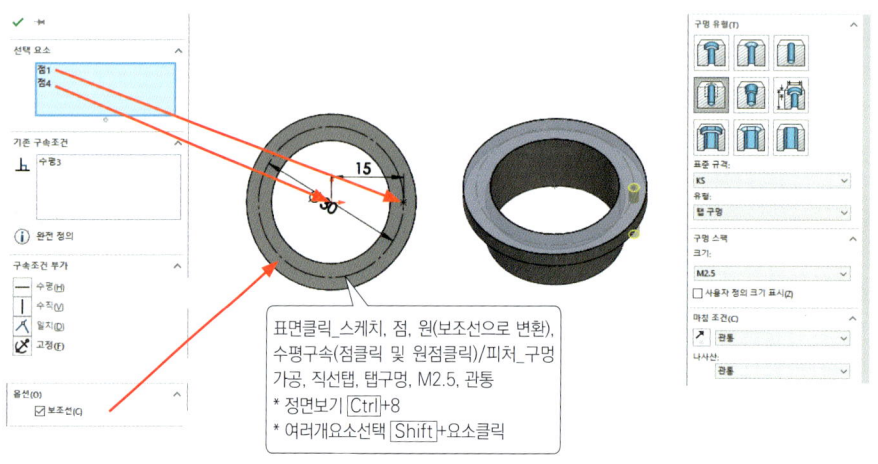

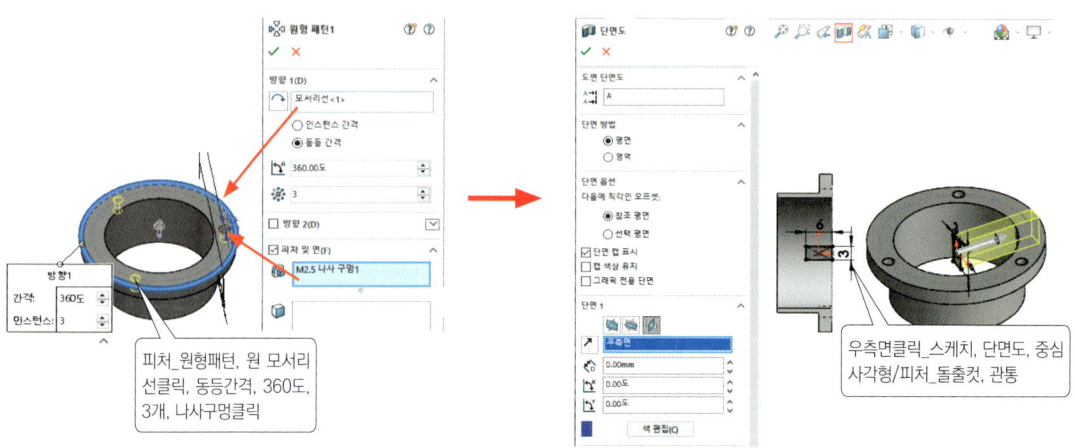

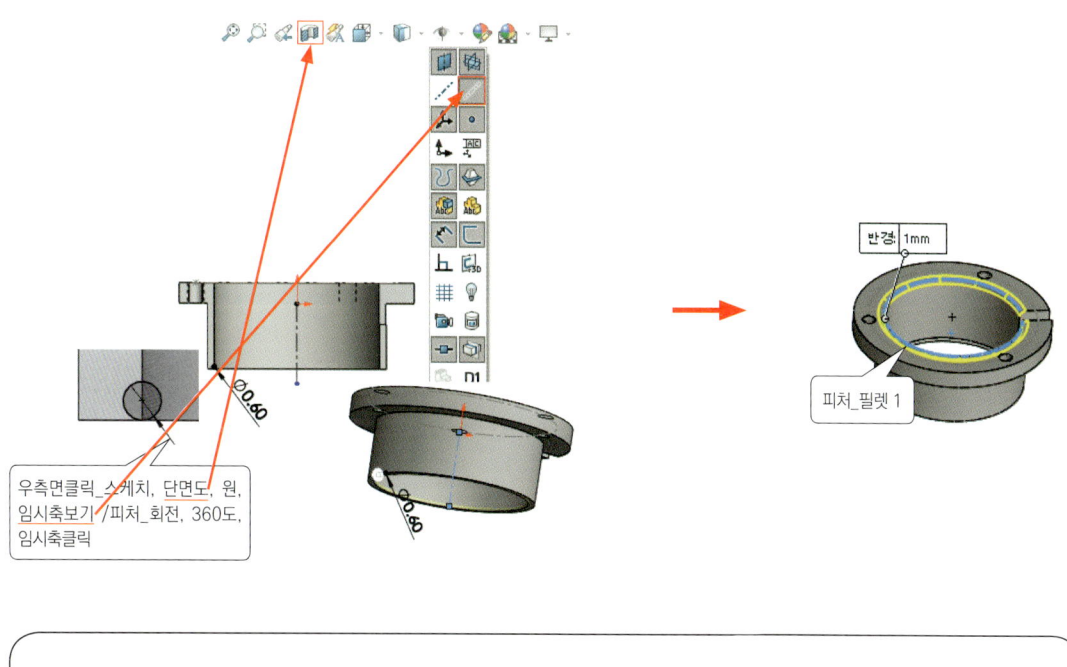

STL파일로 저장하기

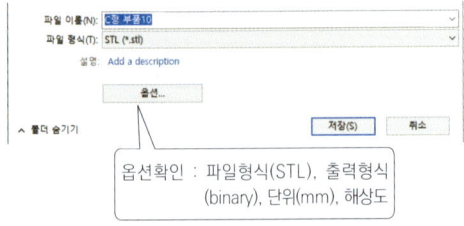

옵션확인 : 파일형식(STL), 출력형식
(binary), 단위(mm), 해상도

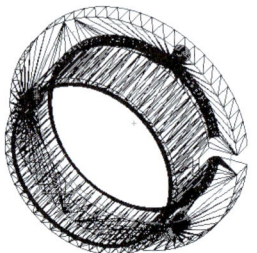

STL파일 슬라이싱 및 G-code 파일로 저장하기

[프린터 설정 : Cubicon Style Plus-A15]

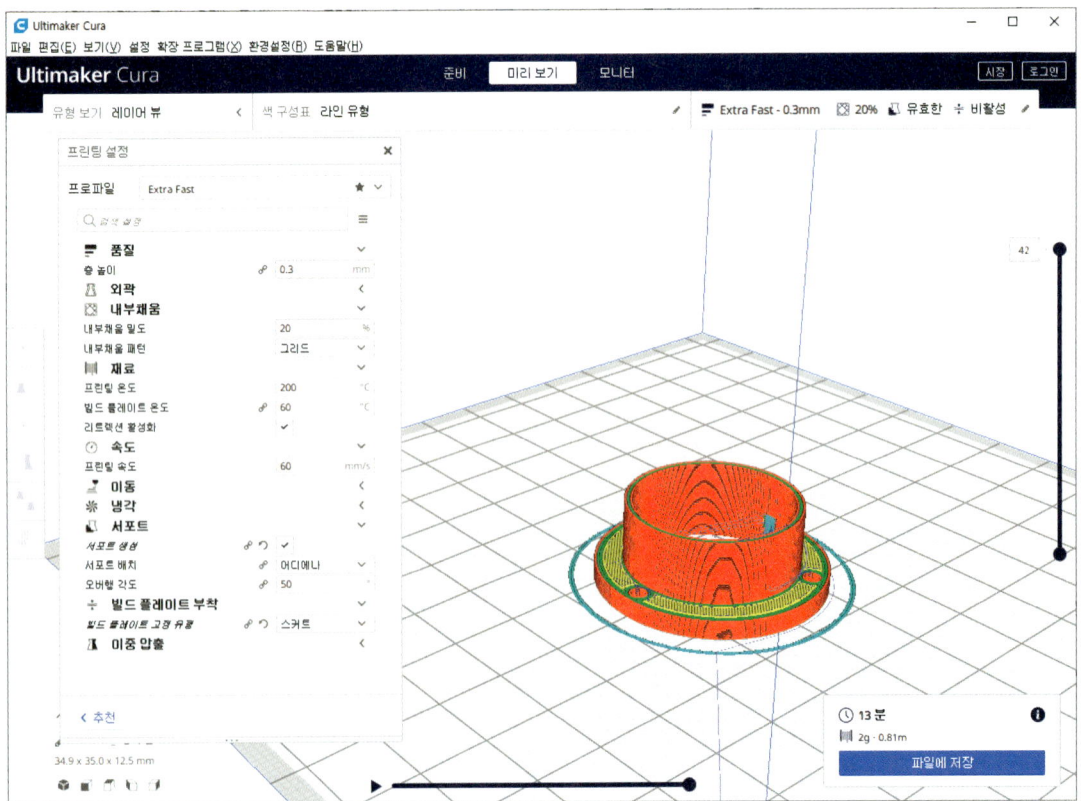

4. 부품

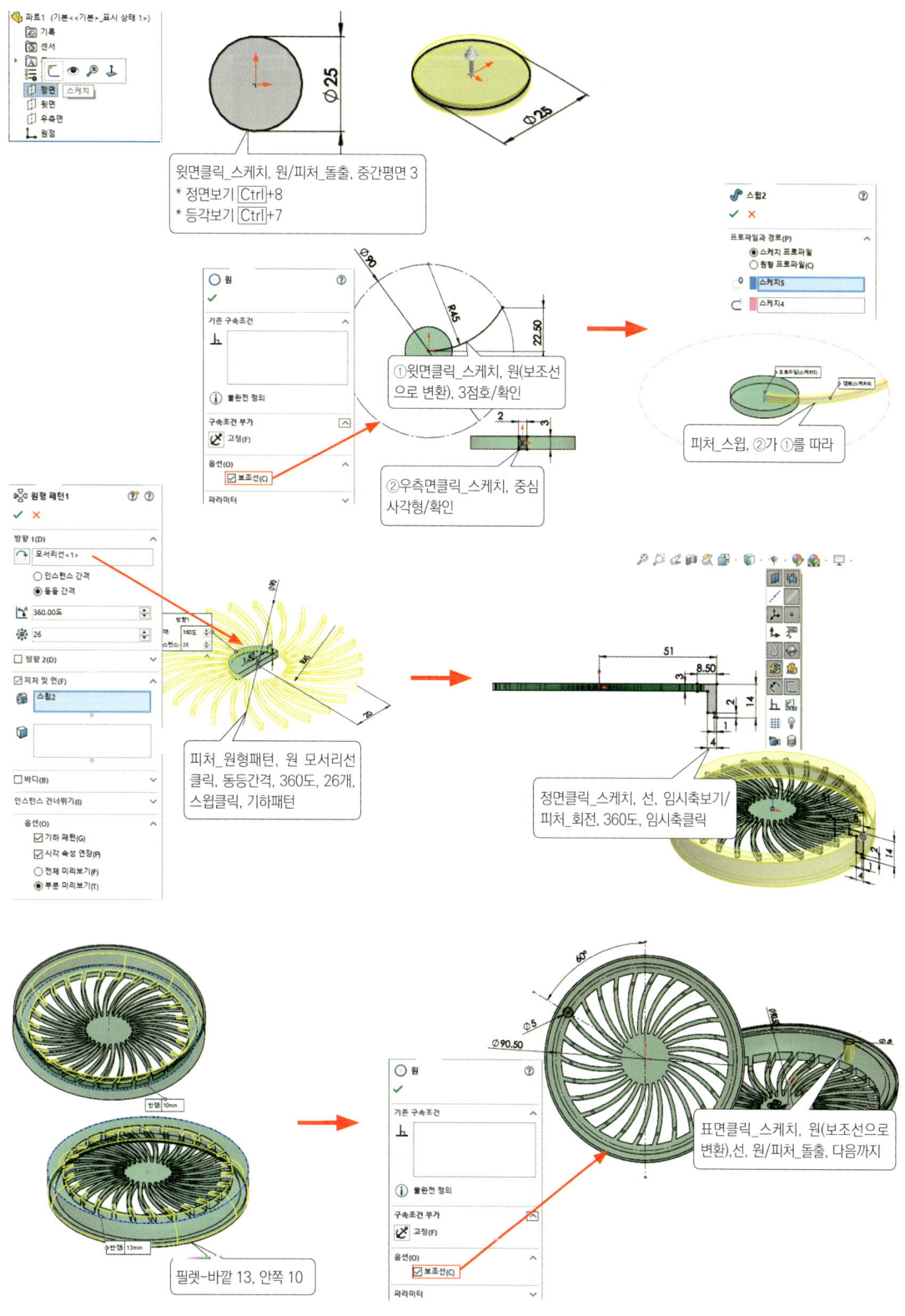

III. 앱제어 핸드 선풍기

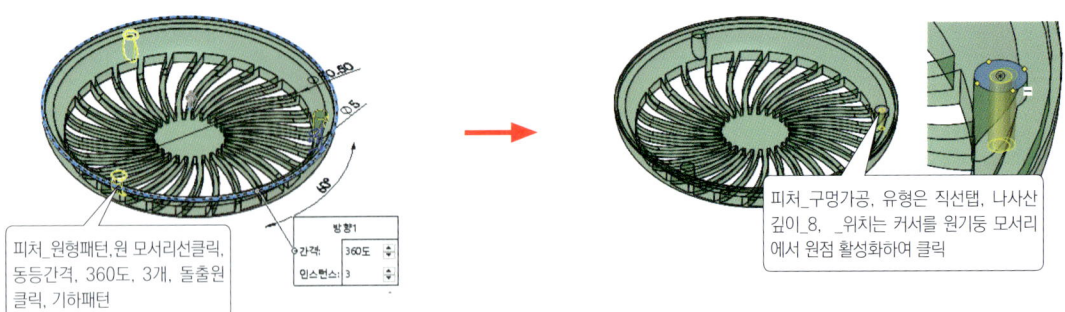

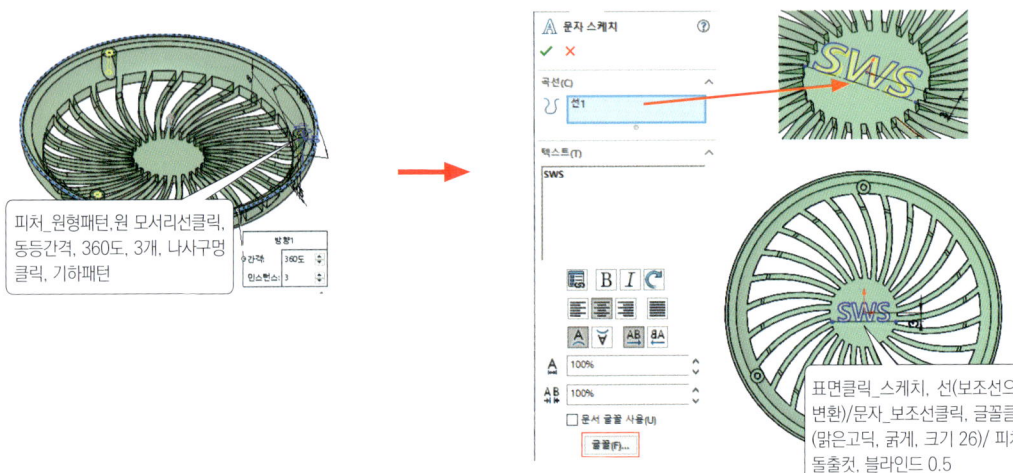

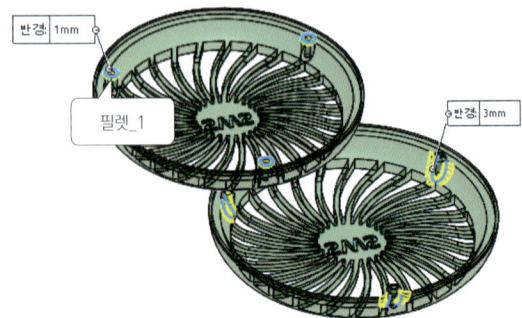

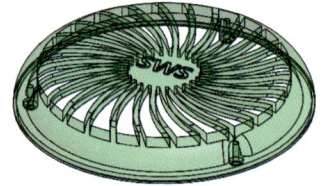

STL파일로 저장하기

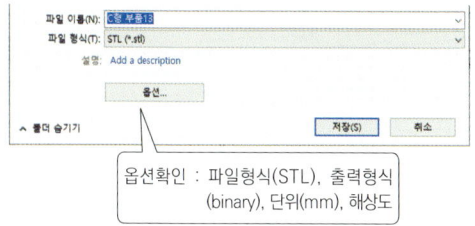

옵션확인 : 파일형식(STL), 출력형식
(binary), 단위(mm), 해상도

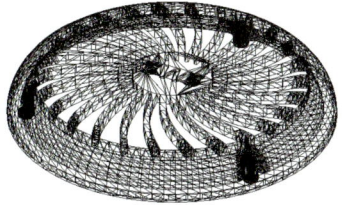

STL파일 슬라이싱 및 G-code 파일로 저장하기

[프린터 설정 : Cubicon Style Plus-A15]

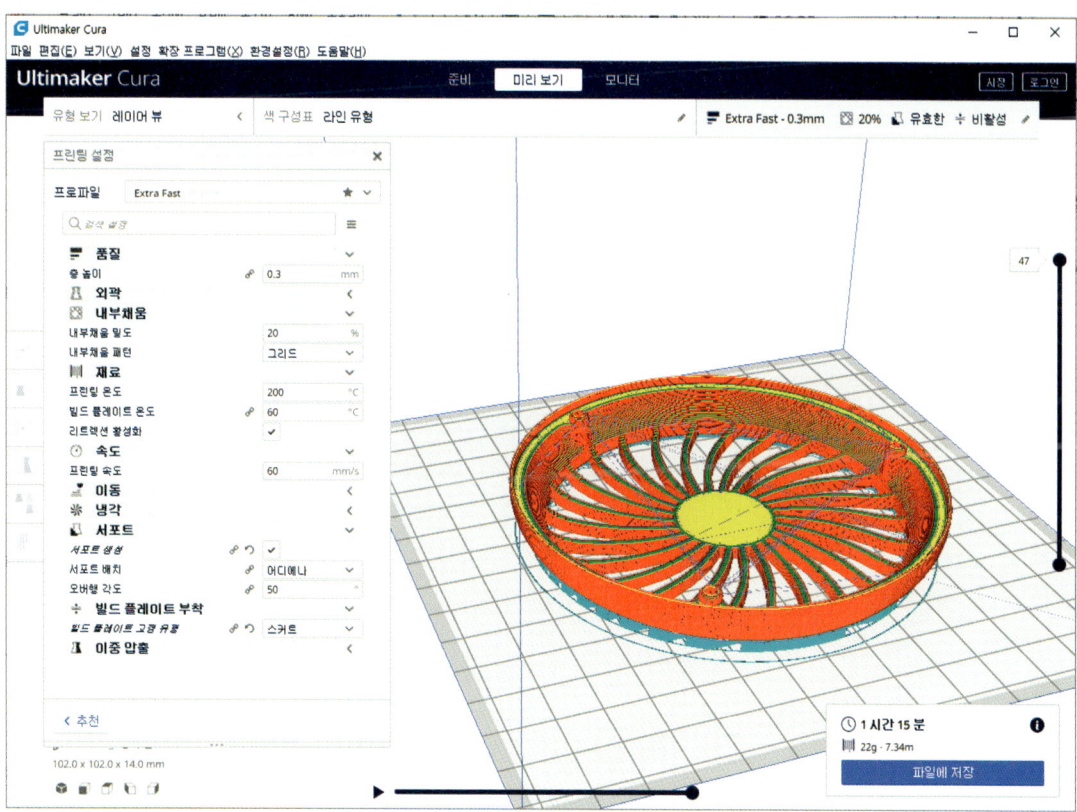

5. 부품

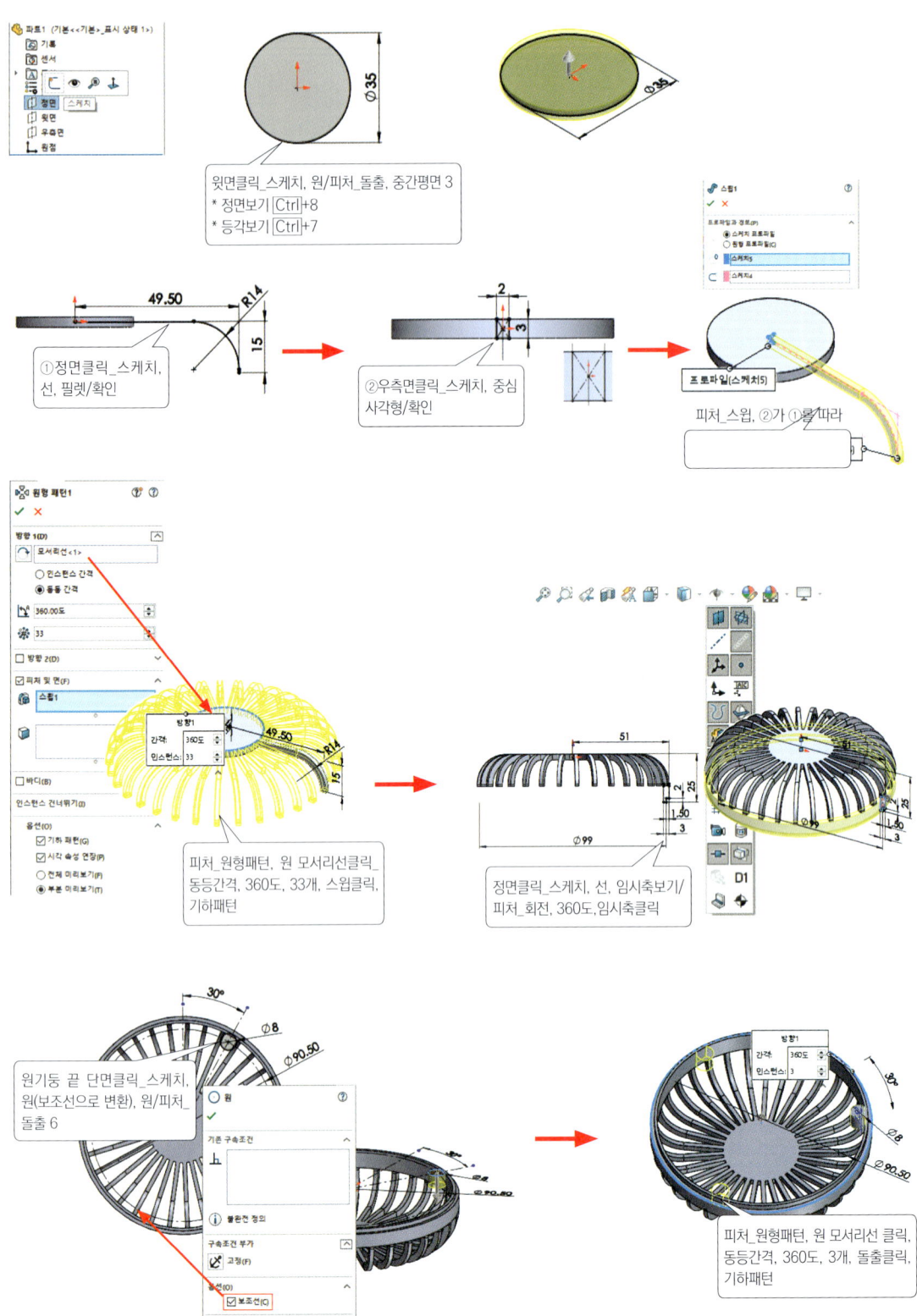

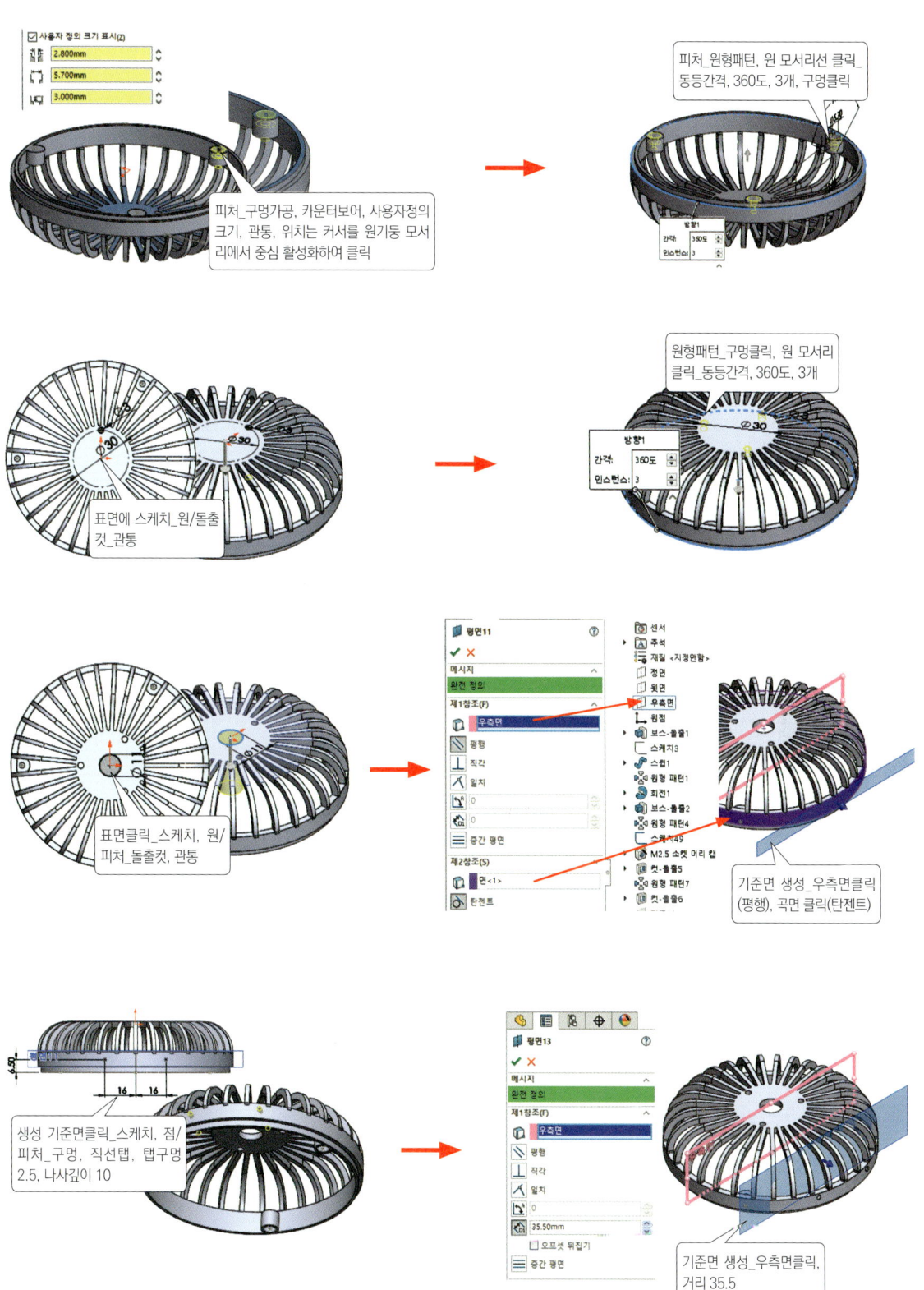

III. 앱제어 핸드 선풍기

생성 기준면클릭_스케치, 중심 사각형/피처_돌출, 블라인드 2

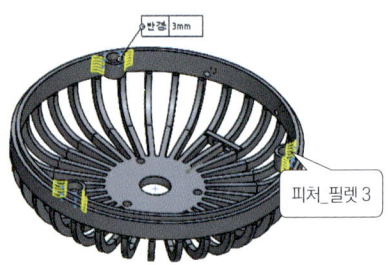

피처_필렛 3

STL파일로 저장하기

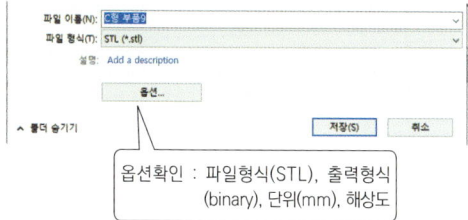

옵션확인 : 파일형식(STL), 출력형식
(binary), 단위(mm), 해상도

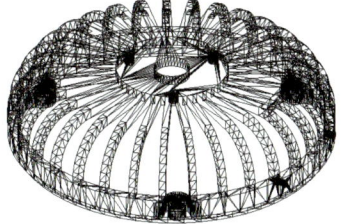

STL파일 슬라이싱 및 G-code 파일로 저장하기

[프린터 설정 : Cubicon Style Plus-A15]

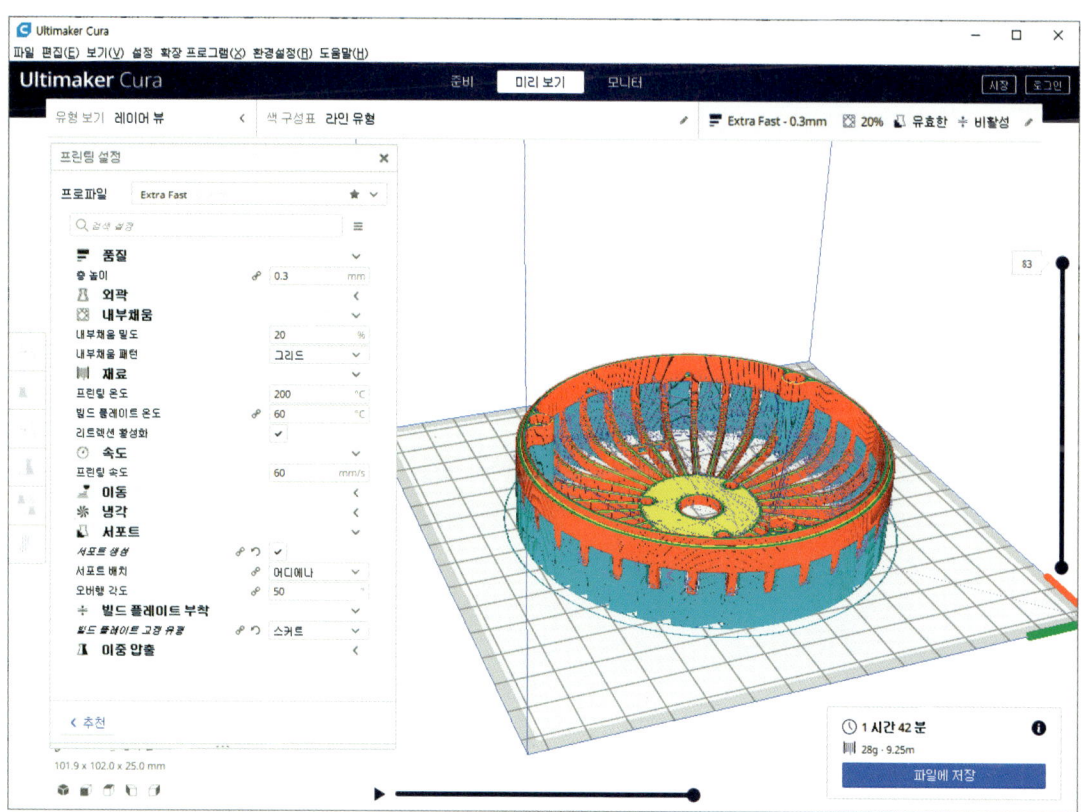

6. 부품

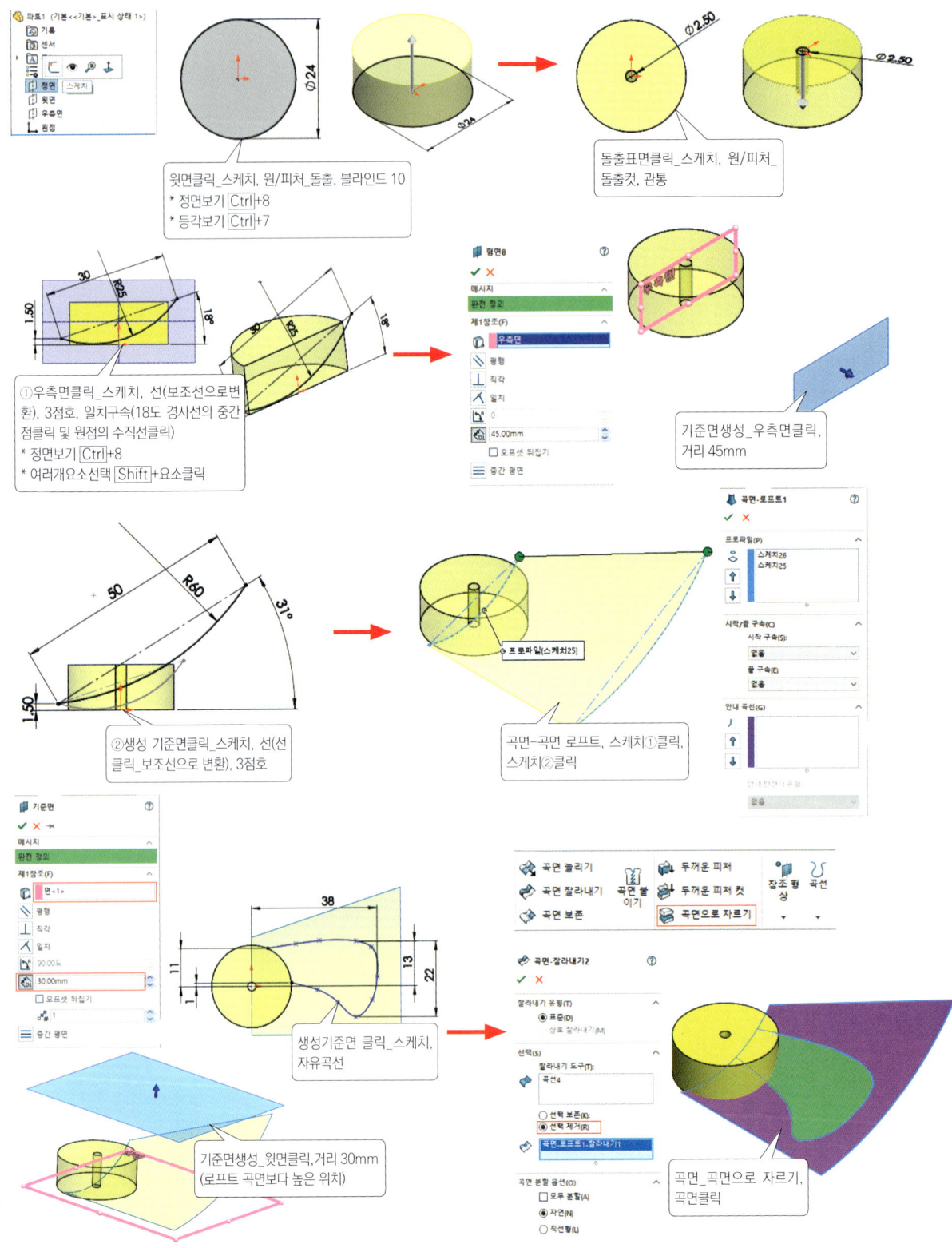

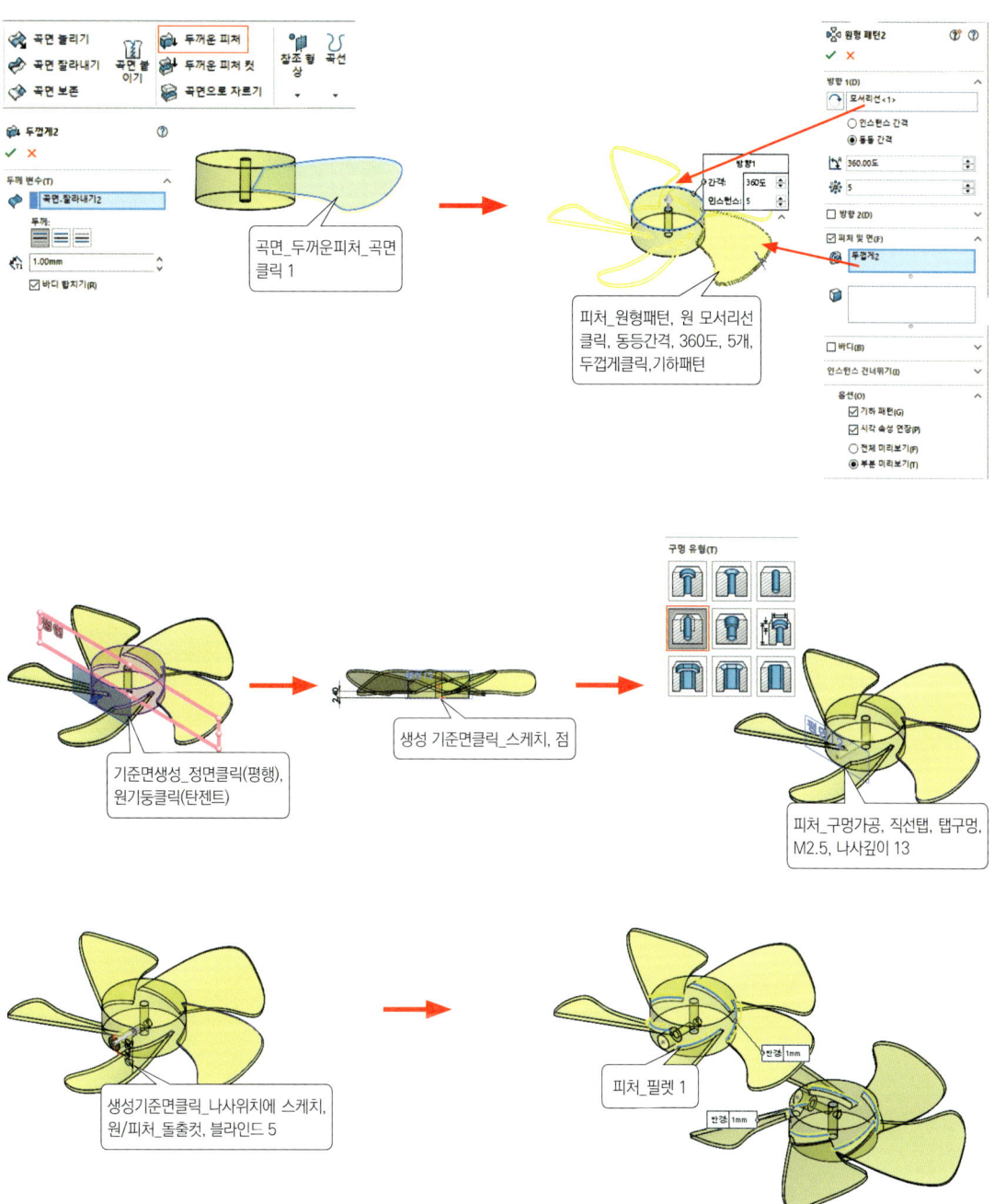

Ⅲ. 앱제어 핸드 선풍기

STL파일로 저장하기

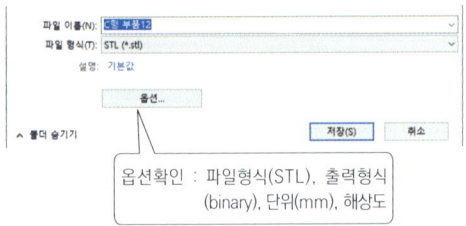

옵션확인 : 파일형식(STL), 출력형식
(binary), 단위(mm), 해상도

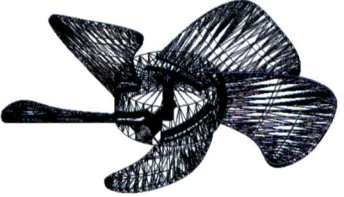

STL파일 슬라이싱 및 G-code 파일로 저장하기

[프린터 설정 : Cubicon Style Plus-A15]

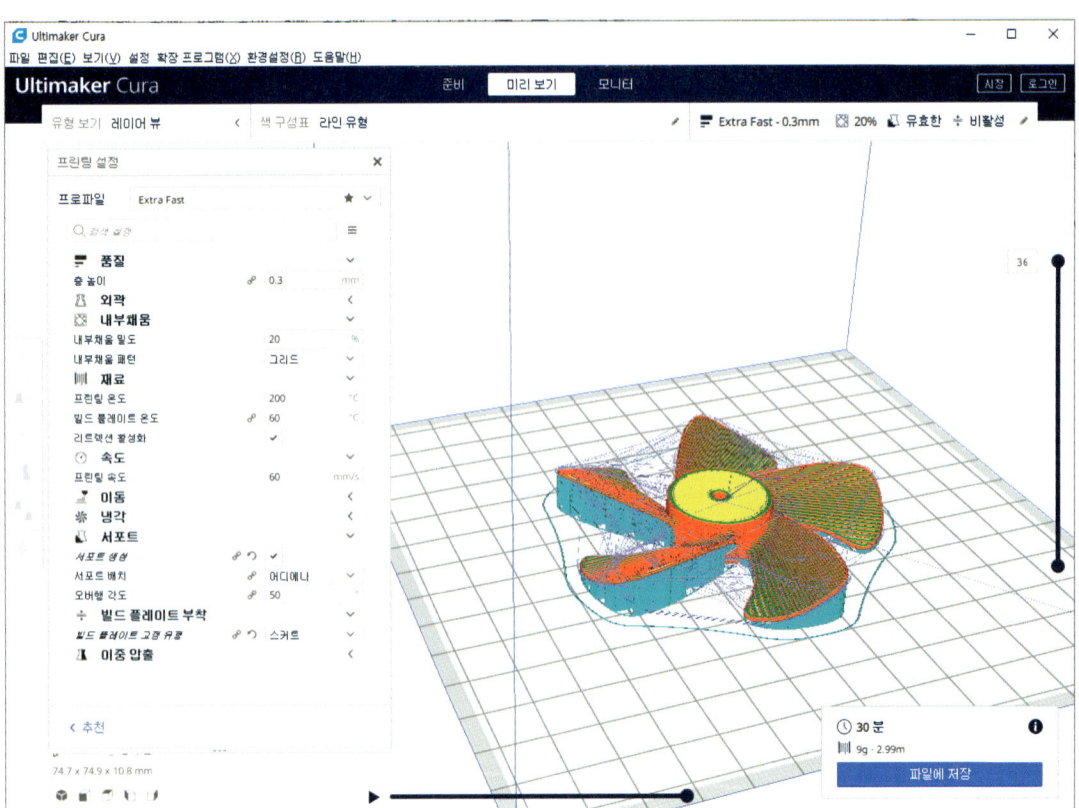

■ 다른 방법으로 모델링 해보세요.

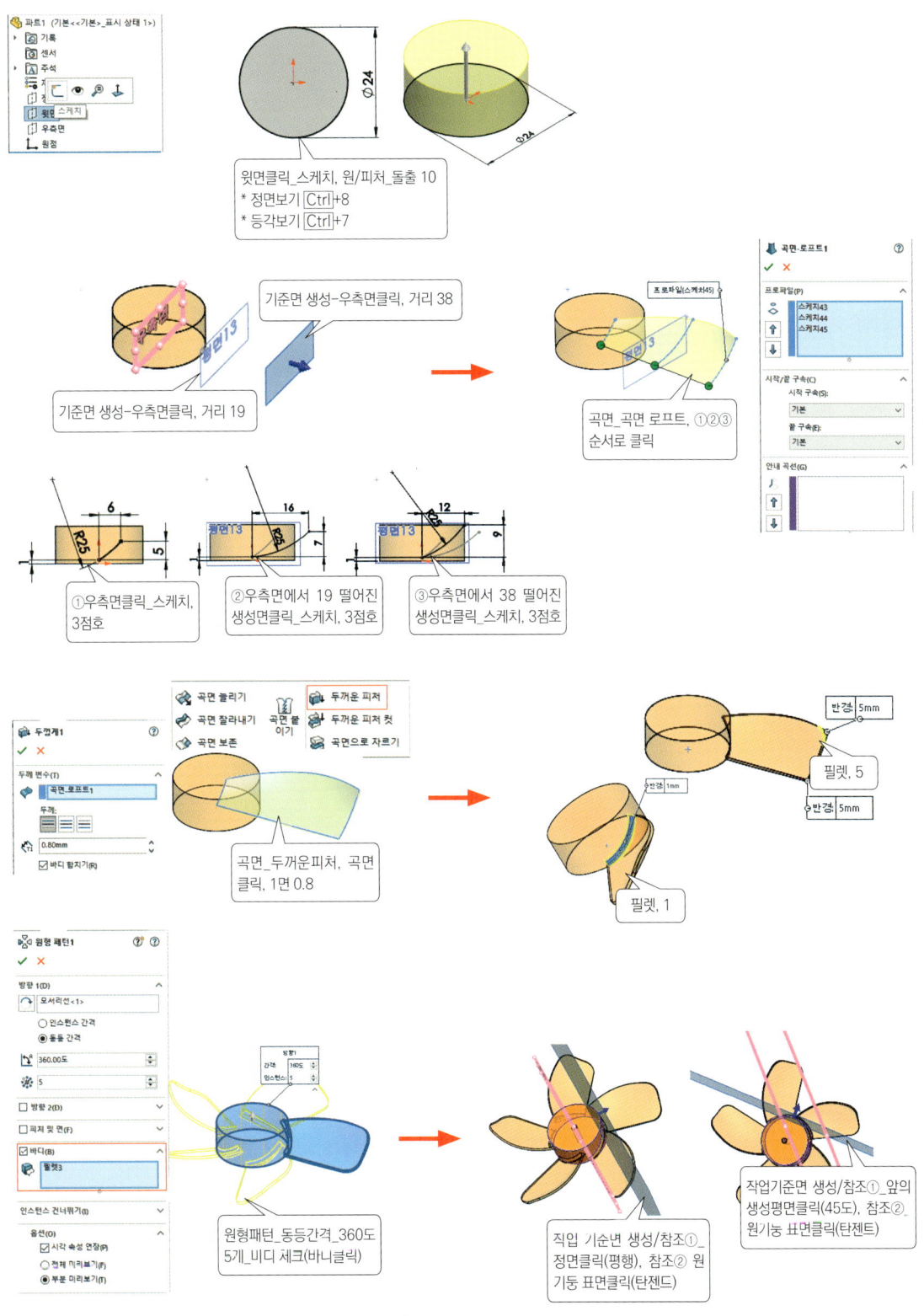

STL파일로 저장하기

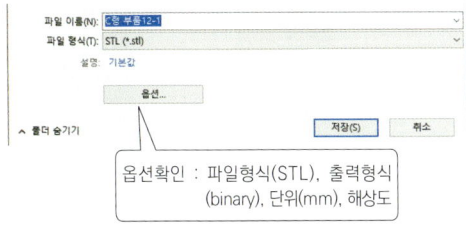

옵션확인 : 파일형식(STL), 출력형식
(binary), 단위(mm), 해상도

STL파일 슬라이싱 및 G-code 파일로 저장하기

[프린터 설정 : Cubicon Style Plus-A15]

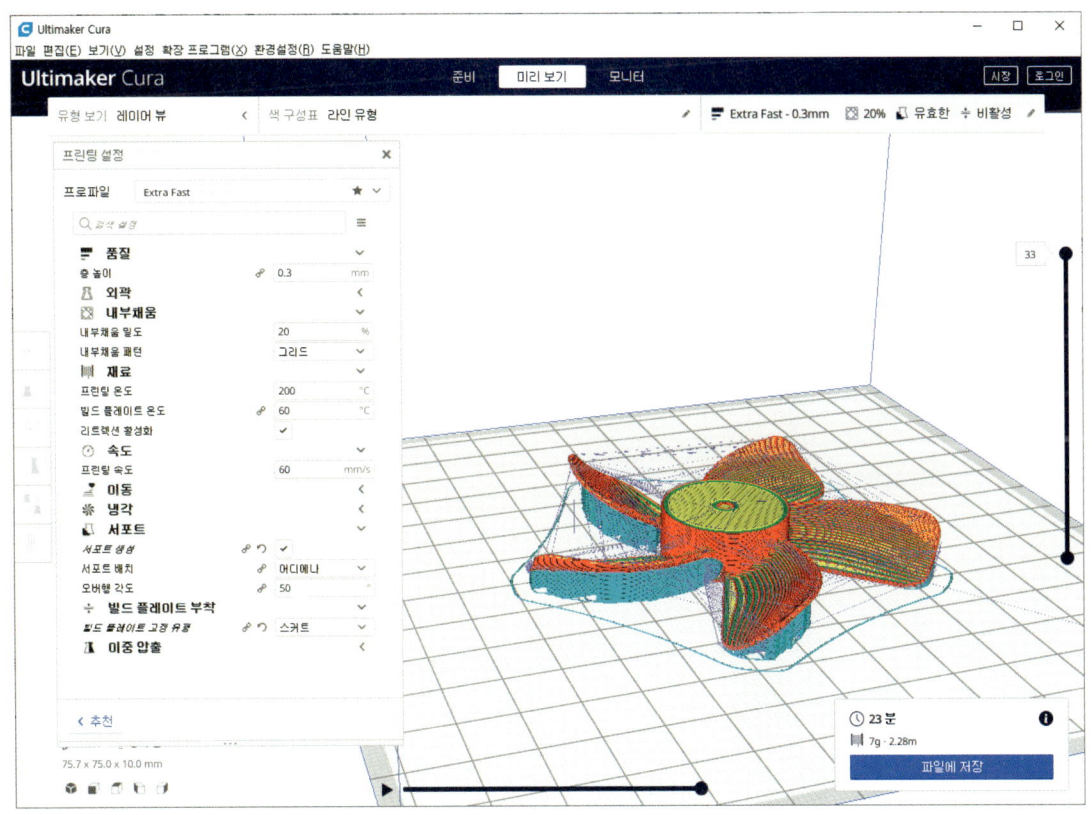

7. 부품

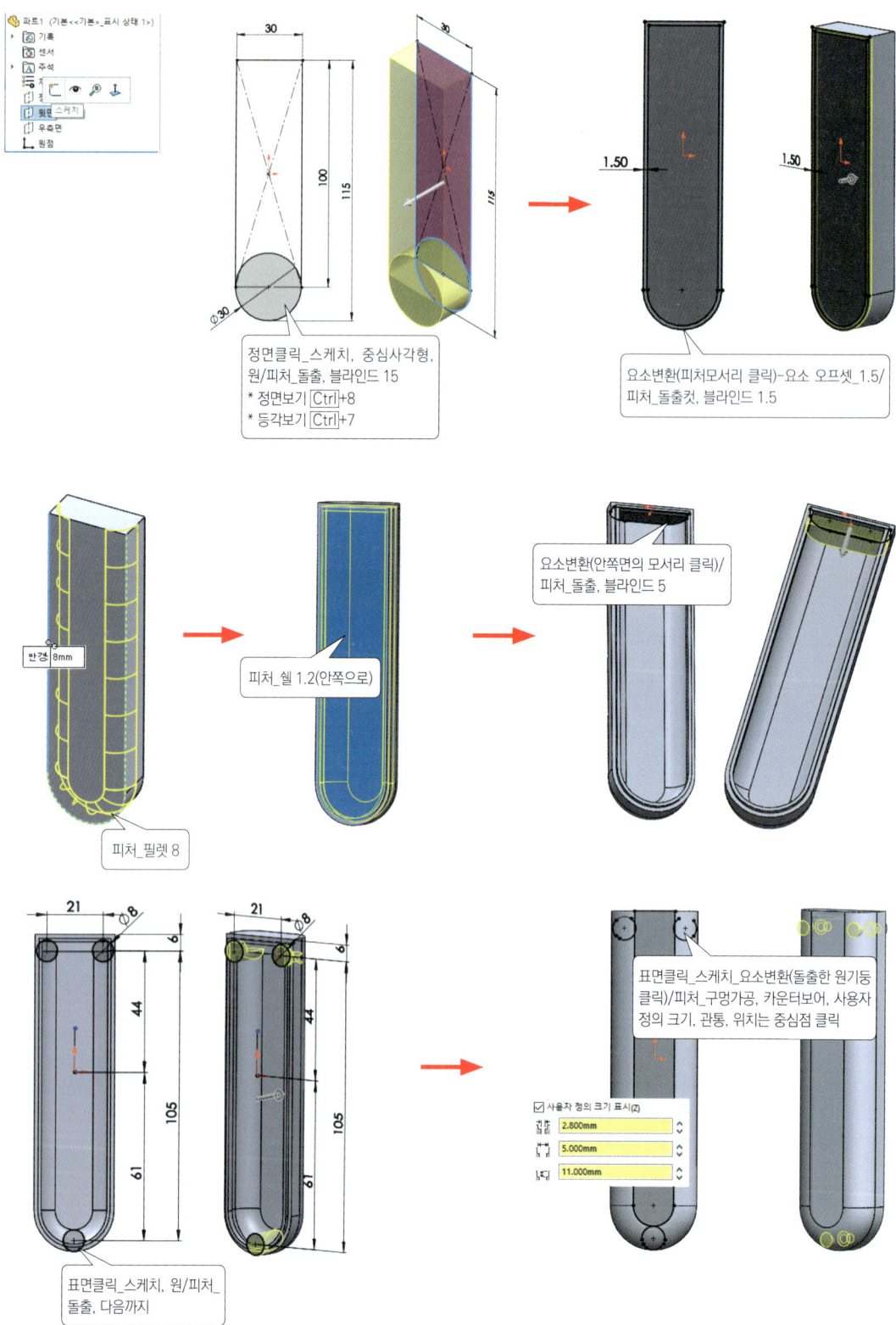

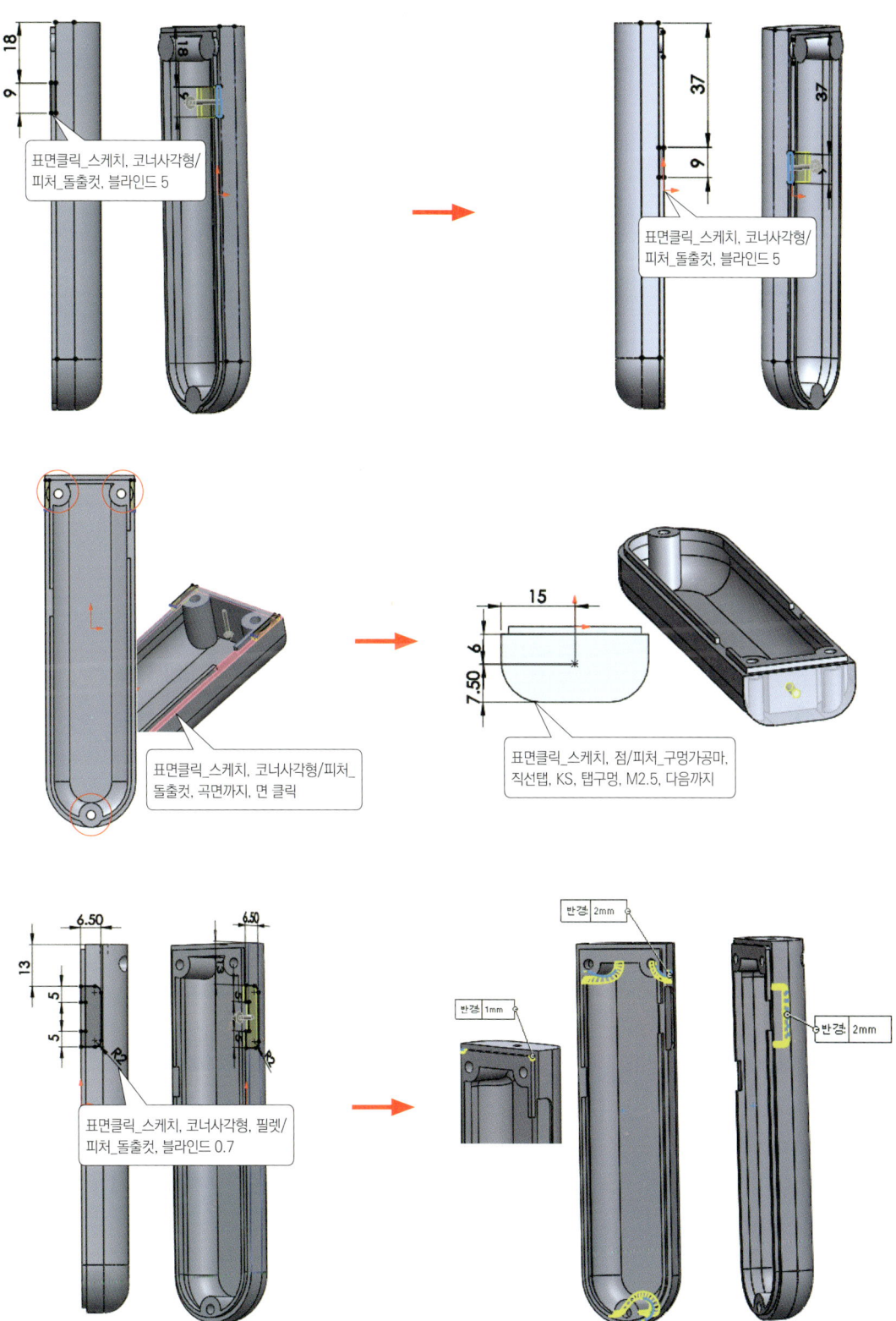

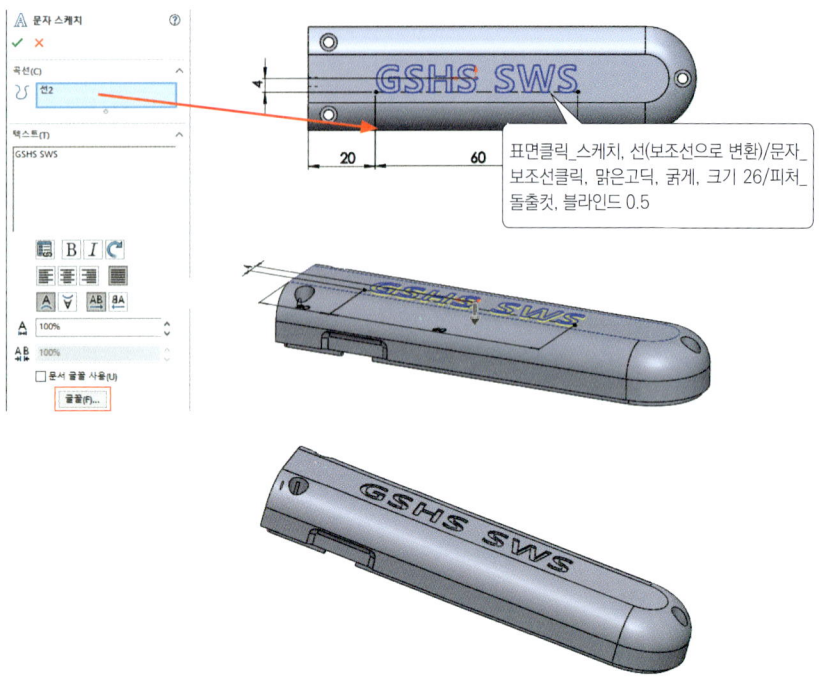

STL파일로 저장하기

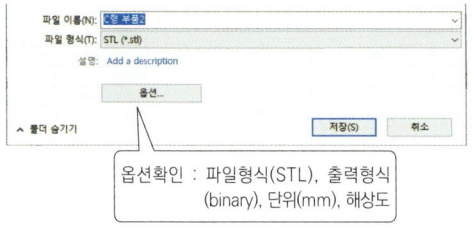

옵션확인 : 파일형식(STL), 출력형식
(binary), 단위(mm), 해상도

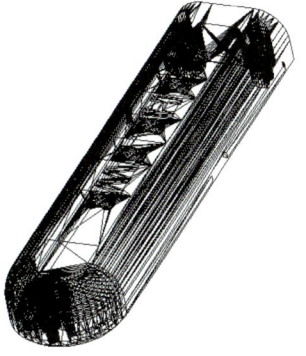

STL파일 슬라이싱 및 G-code 파일로 저장하기

[프린터 설정 : Cubicon Style Plus-A15]

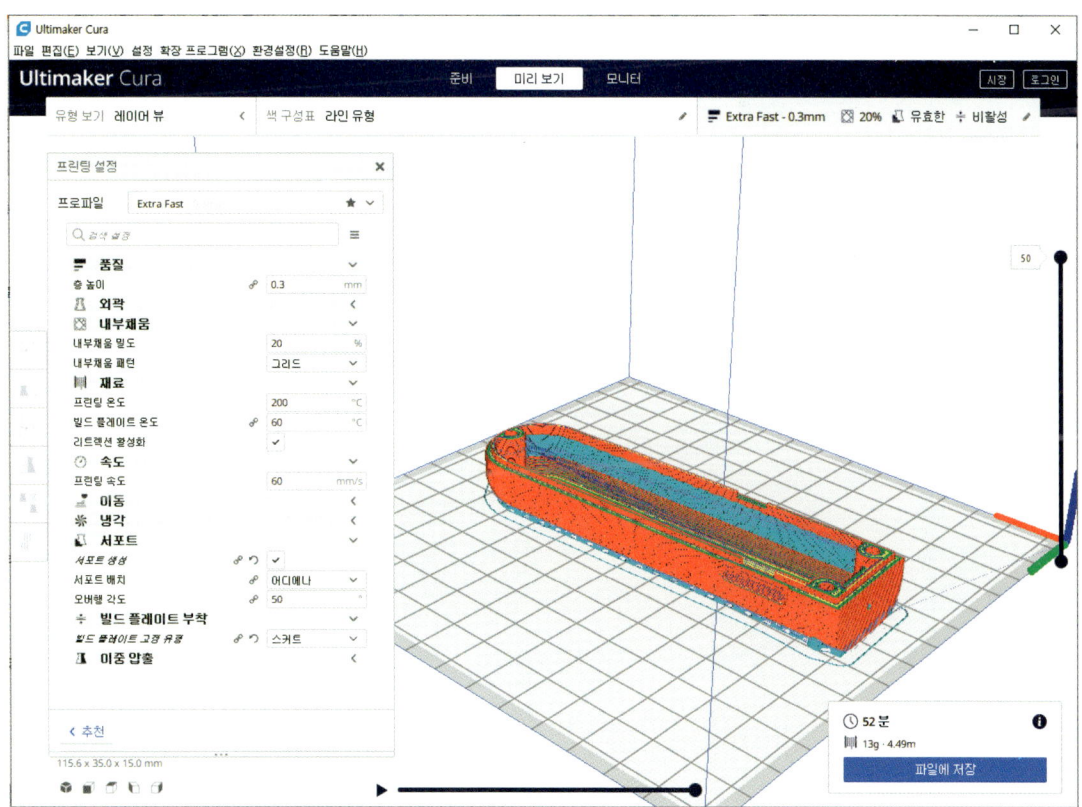

8. 부품

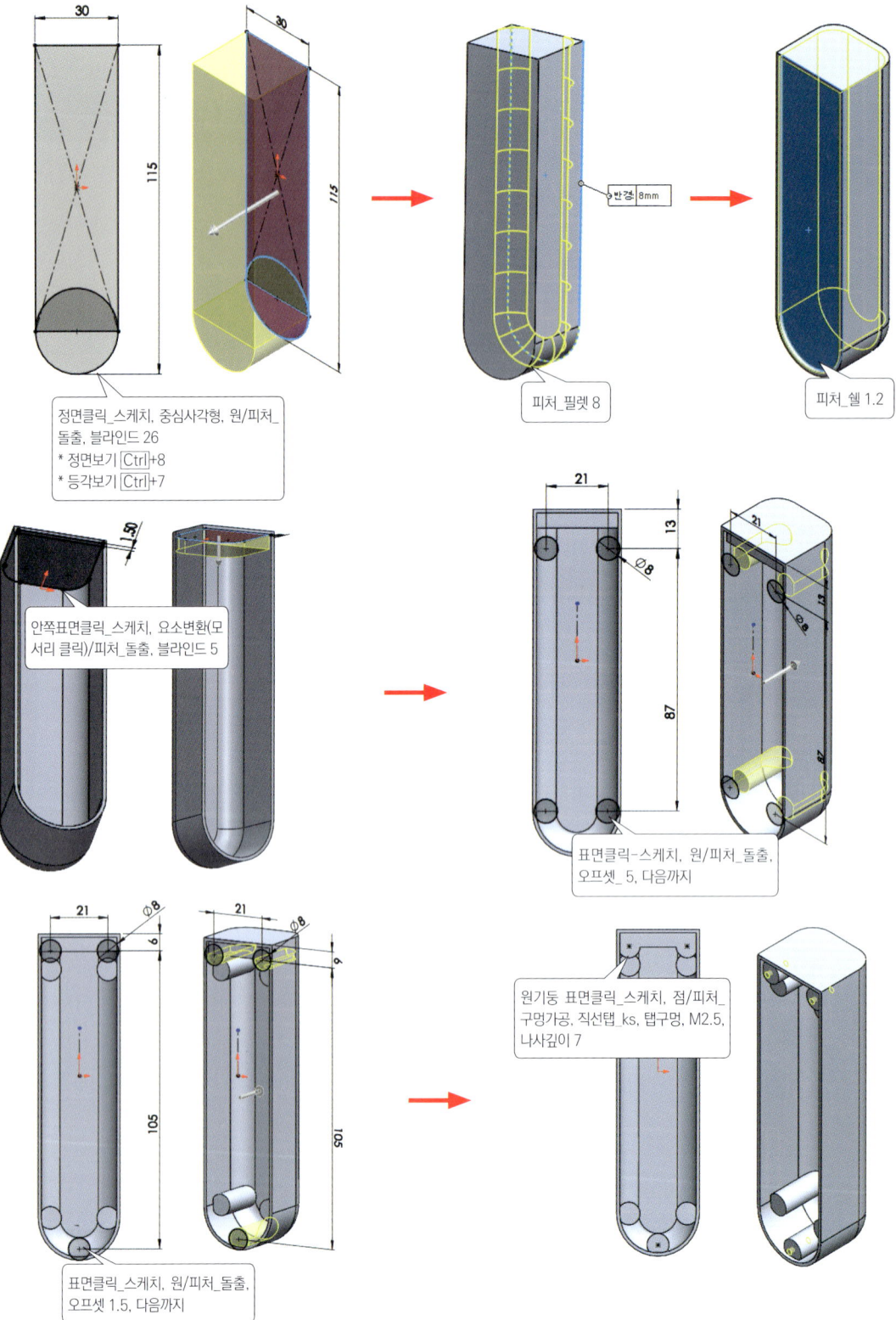

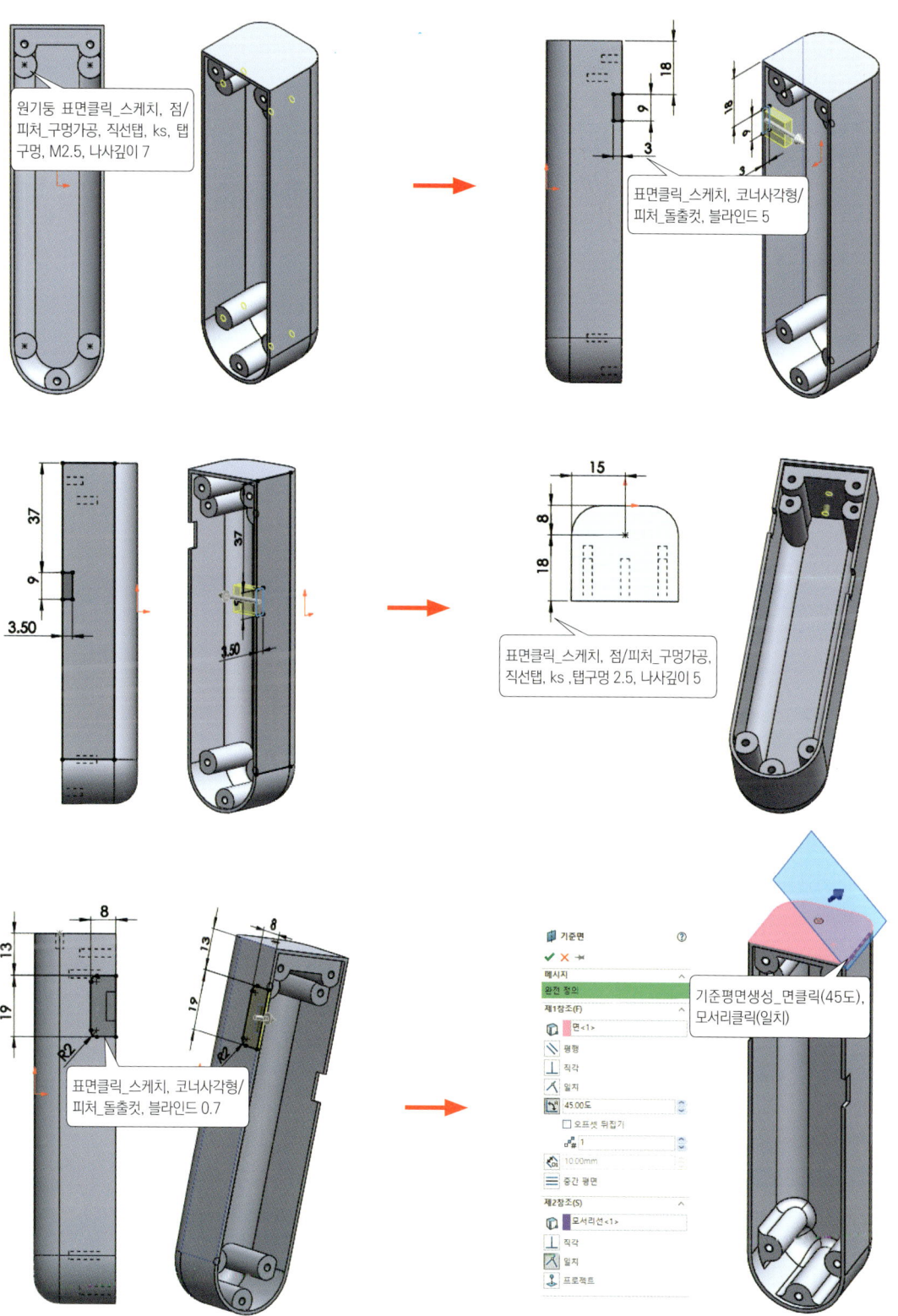

III. 앱제어 핸드 선풍기

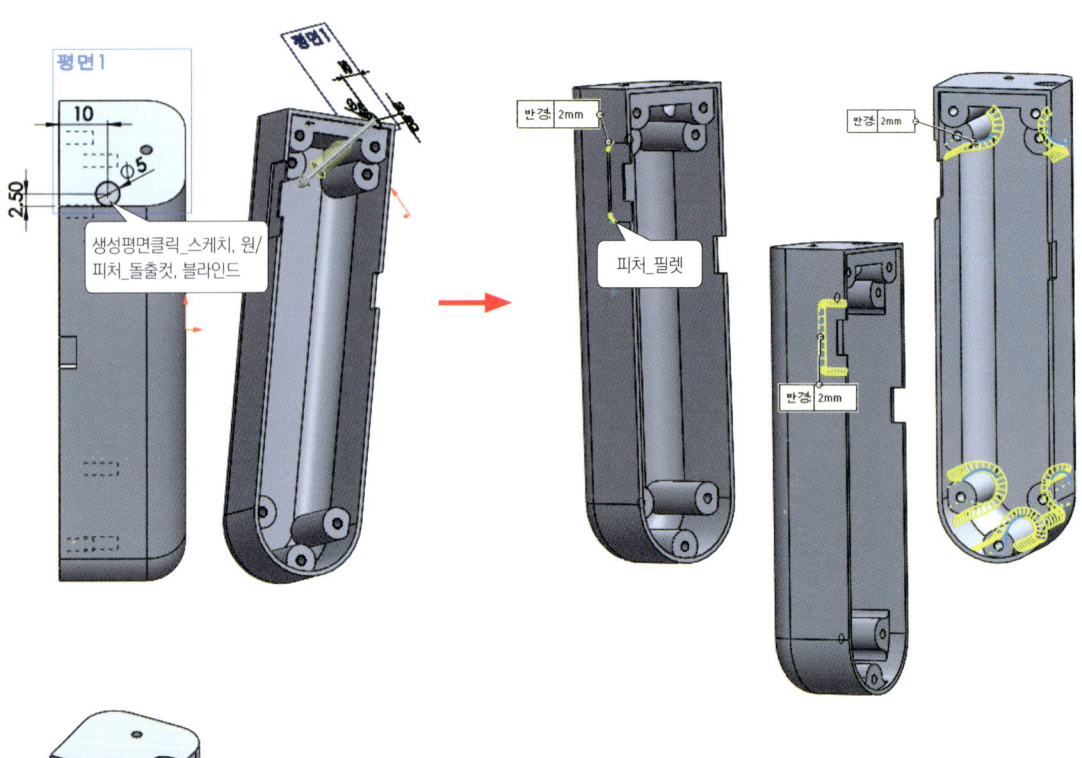
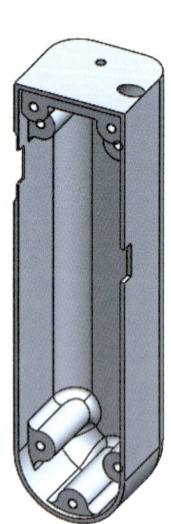

STL파일로 저장하기

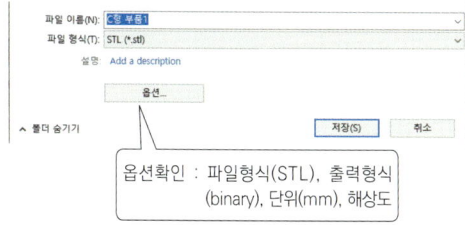

옵션확인 : 파일형식(STL), 출력형식 (binary), 단위(mm), 해상도

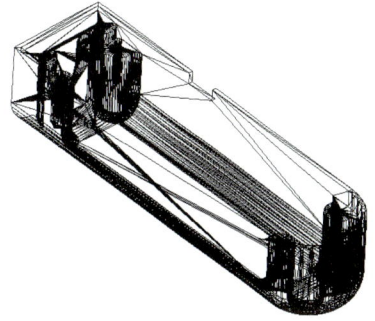

STL파일 슬라이싱 및 G-code 파일로 저장하기

[프린터 설정 : Cubicon Style Plus-A15]

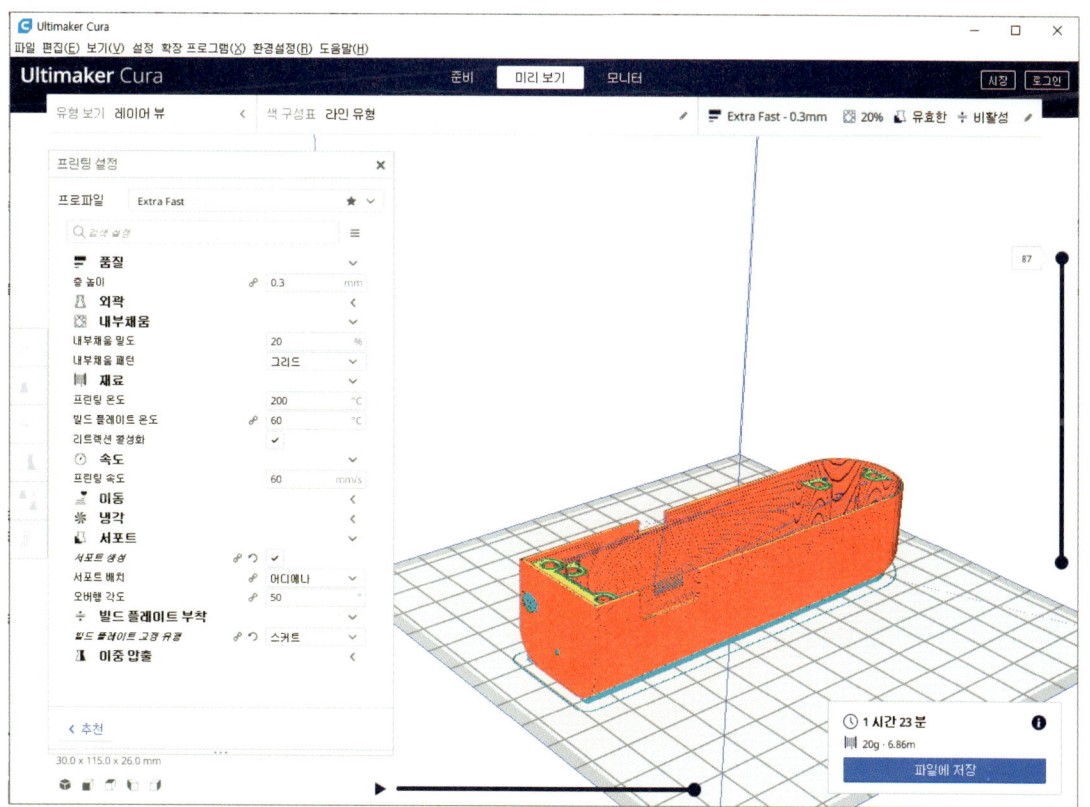

솔리드웍스 3D모델링 + 3D프린팅 + IoT제어
융합기술 프로젝트 – 미니 선풍기 만들기

발 행 일	2022년 09월 08일 초판 1쇄 발행
저　　 자	송원석. 김랑기 공저
감　　 수	(주)큐빅시스템즈
발 행 처	도서출판 메카피아
발 행 인	노수황
출 판 등 록	제2014-000036호(2010년 02월 01일)
주　　 소	서울특별시 영등포구 국회대로76길 18, 3층 3호
대 표 전 화	1544-1605(대)
팩　　 스	02-6008-9111
홈 페 이 지	www.mechapia.com
이 메 일	mechapia@mechapia.com
표지 디자인	포인 기획
편집 디자인	다온 디자인
I S B N	979-11-6248-150-9　13550
정　　 가	24,000원

Copyright© 2022 MECHAPIA Co. All rights reserved.

이 도서의 국립중앙도서관 출판시도서목록(CIP)은 서지정보유통지원시스템 홈페이지(http://seoji.nl.go.kr)와 국가자료공동목록시스템(http://www.nl.go.kr/kolisnet)에서 이용하실 수 있습니다.

· 이 책은 저작권법에 의해 보호를 받는 저작물로 무단 전재나 복제를 금지하며, 이 책 내용의 전부 또는 일부를 이용하려면 반드시 저작권자나 발행인의 서면동의를 받아야 합니다.
· 파본 및 낙장은 구입하신 서점에서 교환하여 드립니다.